요리선생
5 인 의
집밥반찬

대표 요리선생 5인의
음식 이야기

김영빈

● 　어린 시절 학교에서 돌아오면, 식탁 한가득 어머니께서 주전자 뚜껑으로 만들어놓은 도넛이 차려져 있곤 하였지요. 보석같이 빛나는 설탕이 묻어있던 도넛은 보는 것만으로도 저를 세상에서 제일 행복한 아이로 만들어 주었답니다. 또 엄마는 식사시간이면 석유풍로에 성냥불로 불을 붙여 뚝딱뚝딱 갖가지 음식을 만들어 내셨어요. 그러면 저는 엄마 곁에서 한없이 감동하고 신기해하며 그 세계에 빠져들곤 했지요. 매일 새로운 것을 만들어 보고, 맛있는 것이 만들어 질 때의 기쁨은 그 음식을 먹어줄 사람들의 얼굴이 오버랩되면서 흥분으로 이어집니다. 오늘은 뭘 만들어서 식구들을 맛있게 먹일까 하는 주부의 고민이야말로 진정한 가족 사랑의 표현이라 생각합니다. 부디 제가 소개하는 '집반찬'이 여러분 행복밥상에 즐거움을 주는 조미료 역할을 했으면 합니다.

박종숙

● 　콩을 씻어 불리고 곱게 갈아 가마솥에 끓여 자루에 담아 짜고, 간수를 쳐서 몽글몽글 두부가 엉기는 어린 시절의 추억은 유난히 순두부를 좋아하시는 아버님에 대한 기억으로 남아 있습니다. 요리를 즐거워 한 세월, 가족의 건강을 위해 식재료를 만지면서 새삼 두부의 완벽한 영양 가치와 맛에 올인합니다. 순두부로, 찌개로, 전골로, 스테이크로 변신이 가능한 두부는 그 여러 가지 모습만큼이나 놀라운 영양덩어리입니다. 제가 제안하는 '두부요리'! 새삼 그 맛과 영양을 느끼시도록 도와드리고 싶습니다.

'생선 요리' 하면 그냥 구워 먹으면 된다는 선입견을 가지기 쉽지만 정말 무궁무진한 방법으로 요리할 수 있지요. 제철 생선을 이용해서 만든 요리는 모양 그대로 살려 식탁 위에 올려도 아주 훌륭한 한 접시 요리가 됩니다. 맛있고 영양 많은 다양한 제철 생선 요리들로 독자들과 만날 수 있어서 정말 기쁘고 보람있었습니다. 다양한 생선 종류와 그에 따른 요리법들이 여러분들의 식탁에서도 크게 빛을 발하기를 바랍니다. 맛있게 해 드시고 건강하세요~

홍신애

요리를 한다는 것은 내 삶에서 너무 행복하고, 즐거운 일입니다. 세상엔 참 많은 음식들이 있지만, '면요리'는 사소한 오해로 서먹했던 친구와 화해하는 자리에 한 그릇 뚝딱 만들어 슬쩍 내밀며 나누어도 좋고, 저녁 늦게 지쳐서 들어온 남편에게 칼로리가 적은 국수를 얼른 만들어줄 수 있어서 좋고, 친척·친지들과 이웃에게 좋은 일이 생기거나 우울한 일이 생겼을 때 함께 기뻐하고 위로하며 부담 없이 나누어 먹을 수 있어서 더욱 매력 있답니다. 이런저런 이유로 앞치마를 두르고 주방을 지휘하는 여러분에게 이 책이 든든한 길잡이 역할을 하길 기대합니다~

방영이

아이들이 좋아하는 패밀리레스토랑의 메뉴들을 집에서 엄마가 만들어주면 아이들이 얼마나 좋아할까요~! '엄마표 간식'은 맛은 물론, 엄마가 직접 깐깐하게 고른 좋은 재료들로 만들기 때문에 안심하고 먹을 수 있는데다 아이들에게는 센스 있는 엄마로 자리매김하는 기회가 될 거예요. 혹 건강에 나쁘지는 않을까 걱정하면서도 귀찮다는 이유 하나로 아이들에게 패스트푸드를 권하고 있진 않으신지요? 조금만 부지런히 움직여 사랑하는 내 아이들에게 건강한 한 끼를 선물하세요. 그 순간 내 아이는 세상에서 가장 행복한 사람이 됩니다.

메이

contents

01 김·영·빈·의 집반찬

박·종·숙·의 두부반찬

홍·신·애·의 생선반찬

방·영·아·의
국수 한 그릇

메·이·의
아이간식

1

입 안 가득 침이 고이는

김.영.빈.의.
집
반찬

아무리 맛있고 귀한 반찬도 몇 끼를 계속 먹다보면 물리기 마련. 그렇다고 끼니마다 새로운 반찬을 준비하기도 어렵다. 이것저것 챙기다보면 가짓수만 많아지고, 그렇지 않으면 김치 한두 가지에 그치기 일쑤다. 이는 요령이 부족하기 때문. 반찬은 철따라 나오는 반찬거리를 다양하게 이용하여 변화 있게 만들기도 하지만 같은 재료라도 조리법에 변화를 주면 새롭고 입맛 당기는 반찬이 탄생한다. 맛있고 즐거운 식사, 볼품 있고 영양이 풍부한 반찬으로 가족의 건강을 지켜보자.

가지깨소스무침

향긋하고 고소한 맛이 사무치게 그리울 땐
깨소스 요리에 도전해보세요

주재료
가지 · 3개
풋고추 · · · · · · · · · · · · · · · · · · · 1개
붉은고추 · · · · · · · · · · · · · · · · 1/2개

깨소스
깨소금 · · · · · · · · · · · · · · · · · · · 3큰술
국간장 · · · · · · · · · · · · · · · · · · · 1큰술
다진 마늘 · · · · · · · · · · · · · 1/2큰술
참기름 · · · · · · · · · · · · · · · · · · · 1큰술
설탕 · 1작은술
식초 · 1큰술

이렇게 만드세요

조리시간 ⏰ 초보 **30**분 ⏰ 고수 **20**분

1 가지는 잘 씻어 5cm 길이로 자르고 3~4등분으로 칼집을 넣는다.

2 김이 오른 찜통에 가지를 넣어 속까지 익힌 다음 꺼내 손으로 쭉쭉 찢어 물기를 꼭 짠다.

3 풋고추와 붉은고추는 씨를 털어내고 3cm 길이로 곱게 채썬다.

4 분량의 재료를 고루 섞어 깨소스를 만든다.

5 깨소스에 채썬 풋고추와 붉은고추를 넣어 섞는다.

6 그릇에 가지를 담고 깨소스를 넣으면서 조물조물 무친다.

고수의 비밀 노트

가지요리, 더 맛있게 하려면

가지는 김이 오른 찜통에 넣고 6~8분 정도 찌면 딱 좋다. 칼집을 넣어 찌면 수분이 가지 사이사이에 스며들어 고루 익는다. 또 하나 중요한 점은 찐 가지의 물기를 꼭 짜야 한다는 것. 물기가 덜 빠진 상태에서 무치면 금방 상한다. 가지에 조개, 참깨, 식초 등을 넣어 조리하면 혈액을 정화하고 강장효과도 높일 수 있다. 깨소스를 만들 때 참깨 대신 흑임자를 사용해도 된다.

무쇠고기나물

자극적인 맛이 싫으세요? 그럼 재료의
맛이 그대로 느껴지는 담백한 무나물 어때요

주재료			
무	300g	다진 파	1작은술
쇠고기(우둔살)	100g	다진 마늘	1작은술
쪽파	2대	깨소금	1작은술
통깨	약간	참기름 · 후춧가루	약간씩
고기양념		**양념**	
간장	2작은술	참기름	1작은술
설탕	1/2작은술	생강즙	1/2작은술
		소금	1/2작은술

이렇게 만드세요

조리시간 🕐 초보 **40**분 🕐 고수 **25**분

1 무는 5~6cm 길이로
나무젓가락보다 조금
얇게 채썰고 쪽파는
송송 썰어 준비한다.

2 쇠고기는 키친타월에
올려 핏물을 뺀 다음,
5cm 길이로 곱게 채
썰어 분량의
고기양념으로
밑간한다.

3 냄비에 참기름을
두르고 양념한
쇠고기를 볶아 완전히
익힌다.

4 볶은 쇠고기에 무채와
생강즙을 넣고 말갛게
볶은 후 뚜껑을 덮고
무가 고루 익도록 뜸을
들인다.

5 무가 부드럽게 익으면
소금을 넣으면서 간을
맞춘다.

6 쪽파를 넣고 고루
뒤적인 후 통깨를
뿌린다.

고수의 비밀 노트

친환경 무와 쇠고기 우둔살 준비

친환경 무는 조금 비싸지만 단단하고 단맛이 돌아 요리를 해도 맛
이 좋다. 무를 고를 때는 푸른 부분이 전체 길이의 1/3을 넘지 않는
것을 골라야 아린맛이 없다. 무의 껍질에는 소화효소와 비타민 C가
많으므로 껍질째 요리하는 것이 좋다.
쇠고기는 우둔살이 좋은데, 다른 부위에 비해 기름기가 적어 식어
도 기름이 겉돌지 않아 맛이 깔끔하다. 쇠고기는 완전히 익혀야 무
에 핏물이 배지 않는다는 점도 기억해 두자.

물오징어채소무침

상큼한 것이 먹고 싶을 때 복잡한 조리과정 없이 후다닥
만들 수 있어요

이렇게 만드세요

조리시간 초보 **35분** 고수 **20분**

1 오징어는 껍질과 내장을 제거하고 마름모꼴 모양으로 칼집을 넣은 다음 한 입 크기로 썰어 데친다.

2 오이와 당근은 5cm 길이로 잘라 골패 모양으로 썬다.

3 풋고추와 붉은고추는 3cm 길이로 곱게 채썬다.

4 썰어 놓은 오이와 당근, 풋고추, 붉은고추를 각각 찬물에 담갔다 건져 놓는다.

5 분량의 무침양념 재료를 넣어 고루 섞은 다음 데친 오징어를 넣어 버무린다.

6 오징어에 어느 정도 간이 배면 채소를 넣고 버무린 후 통깨를 뿌린다.

고수의 비밀 노트

신선한 냉동오징어로 저렴하게

생물 오징어가 비쌀 때는 냉동오징어를 사용해도 좋은데, 이때는 산
지에서 잡아 바로 급냉시킨 것인지, 팔다가 얼린 것인지 확인해야
한다. 급냉한 것은 모양이 잘 잡혀 있고 눈으로 보기에도 탄력이 있
으며, 다리에 흡판이 잘 붙어 있다. 이런 냉동오징어라면 해동 후 사
용해도 생물 오징어와 큰 차이가 없다. 오징어를 피망이나 샐러리
와 조리하면 비타민 A와 C를 보충할 수 있고, 오징어의 혈액 보충
작용을 강화할 수 있다. 양배추, 냉이 등을 더해 조리해도 좋다.

브로콜리두부무침

담백한 두부 맛이 어우러진 브로콜리의
싱그러운 초록빛에 취해 보세요

주재료
브로콜리 ···················300g
두부 ·······················1/2모
소금 ·······················약간
무침양념
깨소금 ·····················1큰술
소금 ·······················1작은술
참기름 ·····················1큰술
다진 마늘 ···············1작은술
간장 ·······················약간

이렇게 만드세요 조리시간  초보 **25분** 고수 **15분**

1 브로콜리는 잘 씻어 한 입 크기로 송이를 나눈다.

2 끓는 물에 소금 약간을 넣고 브로콜리를 파랗게 데친 후 찬물에 헹궈 식힌다.

3 두부는 끓는 물에 넣어 살짝 데친다.

4 데친 두부를 곱게 으깬 후 면 보자기에 싸서 수분을 제거하여 보송보송하게 만든다.

5 분량의 재료를 섞어 무침양념을 만들어 둔다.

6 브로콜리와 두부를 고루 섞은 다음 무침양념을 넣어 잘 버무린다.

고수의 비밀 노트

두부와 브로콜리의 웰빙 궁합

각종 암을 예방한다는 브로콜리는 그 명성만큼 자주 상에 오르는데, 조리 방법을 조금씩 달리 하면 맛있게 먹을 수 있다. 두부를 으깨 양념처럼 버무리면 소화 흡수도 잘되고, 단백질까지 보충할 수 있다. 두부는 부드러운 생식용보다는 단단한 재래 두부를 사용해야 양념이 잘 배고 맛도 더 고소하다. 브로콜리는 혈액 정화작용을 하고 두부는 기를 돋우며 위와 장을 좋게 해주므로 허약체질 개선에도 도움이 된다.

달걀매콤장조림

달콤 짭조름한 장조림 맛에 매운맛을 더하면 달걀의
색다른 변신이 시작돼요

주재료
달걀·····················10개
꽈리고추·············20~25개
조림장
물·····················3컵
간장·····················4큰술
설탕·····················2큰술
조청·····················1/2큰술
청주·····················1큰술
베트남고추·············3개
통후추·····················1큰술

이렇게 만드세요

조리시간 🕐 초보 **50**분 🕐 고수 **40**분

1
달걀은 노른자까지
완전히 익도록 삶아
껍질을 벗긴다.

2
꽈리고추는 잘 씻어
꼭지를 딴다.

3
분량의 조림장 재료를
모두 섞은 다음 냄비에
넣어 한소끔 끓인다.

4
조림장이 끓어오르면
불을 줄이고 삶은
달걀을 넣는다.

5
달걀에 간이 배도록
한두 번씩 굴려가며
윤기 나게 조린다.

6
조림장이 1/3 정도
줄어들면 꽈리고추를
넣고 마저 조린다.

고수의 비밀 노트

국민 밑반찬, 달걀장조림 만들기

달걀장조림에 들어가는 달걀은 잘 삶는 것이 중요한데, 냉장고에서
바로 꺼낸 달걀은 냉기를 없애고 삶아야 터지지 않는다. 냄비에 달
걀이 잠길 정도로만 물을 붓고, 15분 정도 삶으면 먹기 좋은 완숙 달
걀이 완성된다.
달걀에는 비타민 C와 섬유소가 부족하므로 피망이나 고추 등을 넣
고 조리면 좋다. 조림장에 대파나 양파, 마늘, 마른고추를 넣으면 깔
끔하면서도 매콤한 맛이 우러나 더욱 맛있다.

연근땅콩조림

다른 듯 잘 어울리는 두 가지 재료. 그 맛을 한꺼번에 즐길 수 있는
반찬이 있다면 정말 좋겠죠

주재료
연근 ·······················1개
생땅콩 ·················100g
식초 ·····················1큰술
통깨 ·····················1/2큰술

조림장
물 ························3컵
간장 ·····················4큰술
설탕 ·····················1큰술
청주 ·····················1큰술
참기름 ···················1큰술
조청 ·····················3큰술

이렇게 만드세요

 조리시간 초보 **60**분   고수 **45**분

1 연근은 깨끗이 씻어 필러로 껍질을 벗기고 5mm 두께로 썬다.

2 냄비에 물을 넉넉히 담고 끓이다가 식초 1큰술을 넣고 연근을 5분 정도 삶는다.

3 생땅콩은 끓는 물에 우르르 데친 다음 찬물로 헹궈 떫은맛을 뺀다.

4 냄비에 참기름과 조청을 제외한 조림장 재료를 넣어 끓이다가 삶은 연근을 넣고 한소끔 끓인다.

5 끓어오르면 불을 줄인 다음, 연근에 간이 배고 국물이 반 정도 졸면 땅콩을 넣고 조린다.

6 조림장이 1/3 정도로 졸면 조청을 넣고 윤기 나게 조린 후 마지막에 참기름과 통깨를 넣고 고루 섞는다.

고수의 비밀 노트

최상품 땅콩 고르기 노하우

땅콩은 크기와 색이 균일하고 통통한 것이 최상품이다. 지방이 많은 견과류는 산패하기 쉬운 재료이므로 절은 냄새가 나지 않는지 꼭 확인해야 한다. 변성된 지방은 건강에 치명적이다.
생땅콩의 속껍질은 떫은맛을 우려내고 그대로 쓴다. 속껍질에 든 영양소는 조혈 효과가 있으므로 껍질째 먹는 것이 좋다. 게다가 속껍질을 벗기면 조릴 때 땅콩이 갈라지고 부서져 오히려 요리가 지저분해진다.

느타리버섯피망볶음

재료비 싸고 조리법도 쉽지만
완성하고 나면 정말 푸짐하고 폼 나는 요리예요

주재료

느타리버섯	200g
청피망	1개
홍피망	1/2개
양파	1/4개
소금	약간
식용유	1큰술
참기름	1큰술

양념

다진 파	1큰술
다진 마늘	1/2큰술
소금	1작은술
깨소금	1작은술
설탕	1/2작은술
후춧가루	약간

이렇게 만드세요

조리시간 초보 **30분** 고수 **15분**

1 느타리버섯은 끓는 소금물에 살짝 데친 다음 체에 밭쳐 물기를 빼고 2~3가닥으로 찢어 놓는다.

2 청피망과 홍피망, 양파는 4~5cm 길이로 곱게 채썬다.

3 팬에 식용유와 참기름을 두르고 다진 파와 다진 마늘을 넣고 볶아 향을 낸다.

4 ③에 버섯을 넣고 센 불에서 노릇하게 볶는다.

5 양파와 피망을 넣고 재빨리 볶는다.

6 버섯과 피망, 양파가 어우러지면 소금, 깨소금, 설탕, 후춧가루를 넣고 볶은 후 넓은 접시에 펼쳐 놓아 한김 식힌다.

고수의 비밀 노트

쫄깃한 버섯 고르기가 우선

버섯볶음에는 해송이버섯, 새송이버섯 등도 잘 어울리지만, 가장 좋은 버섯은 씹히는 맛이 쫄깃한 느타리버섯이다. 팽이버섯이나 만가닥버섯은 열에 약해 쉽게 늘어져 버리므로 어울리지 않는다.
느타리버섯은 버섯 중에 가장 쉽게 상하므로 구입 후 가능한 한 빨리 조리하고, 조리 시 센 불에서 재빨리 볶아 맛과 향이 제대로 살고 늘어지지 않도록 한다. 다 볶은 후에는 반드시 식힌 다음 그릇에 담아야 겉물이 도는 것을 방지할 수 있고 상하는 것도 막을 수 있다.

다시마오징어말이

입맛 까다로운 사람도 정성 가득한 맛과
모양새에 반해 자꾸 손이 가요

주재료

생다시마 ····················100g
오징어(몸통만) ···········2마리
당근·······················1/2개
오이·······················1/2개

초고추장

고추장 ····················3큰술
설탕 ······················2큰술
식초 ······················2큰술
다진 마늘 ·············1작은술
통깨 ························약간

이렇게 만드세요

조리시간 ⏰ 초보 **25분** ⏰ 고수 **15분**

1 생다시마는 사방 10cm 크기로 잘라 소금기와 이물질이 없어지도록 여러 번 깨끗이 씻는다.

2 오징어는 내장과 껍질을 제거한 다음, 안쪽에 가로세로로 칼집을 넣고 끓는 물에 살짝 데친다.

3 당근과 오이는 곱게 채썰어 찬물에 담갔다 건진다.

4 분량의 재료를 섞어 초고추장을 만든다.

5 오징어는 칼집을 넣지 않은 쪽을 위로 놓고 그 위에 다시마를 겹쳐 깐다.

6 다시마 위에 채썬 오이와 당근을 올길 다음 오징어를 돌돌 말아 한입 크기로 썰어 초고추장을 곁들여 낸다.

고수의 비밀 노트

별미 다시마오징어말이 만들기

다시마오징어말이의 속재료로 아삭한 채소를 사용하는 것이 좋다. 일반적으로 당근과 오이를 많이 사용하지만, 무순이나 파프리카도 잘 어울린다. 속재료로 들어가는 채소들은 아삭한 질감을 살리기 위해 채를 썬 다음 찬물에 담가 두는 것이 포인트. 이렇게 하면 씹을 때 오징어의 식감과 어우러지면서 입맛을 돋운다. 다시마도 맛과 식감을 더하는데 한몫한다. 특히 다시마에는 칼슘과 마그네슘이 풍부해 뼈의 성장 발육을 돕는다.

말린가자미고추볶음

간단한 재료의 놀라운 변신! 쫀득쫀득 씹히는 맛과
칼칼한 매운맛의 조화가 환상이에요

주재료			식용유 ·················· 2큰술
말린 가자미 ············· 3마리			**양념**
풋고추 ·················· 2개			청주 ·················· 1큰술
청양고추 ················ 1개			간장 ·················· 1큰술
붉은고추 ················ 1개			설탕 ················· 1/2큰술
마늘 ·················· 2쪽			조청 ·················· 1큰술
생강 ················· 1/2쪽			참기름 ················· 1큰술
마른고추 ··············· 1/2개			생강즙 ················ 1작은술
통깨 ·················· 약간			소금 · 후춧가루 ·········· 약간씩

이렇게 만드세요

조리시간　🕐 초보 **35**분　🕐 고수 **20**분

1 말린 가자미는 흐르는 물에 잘 씻어 수분을 없애고 3×4cm 크기로 토막낸다.

2 풋고추와 붉은고추, 청양고추는 3~4cm 길이로 잘라 곱게 채썬다.

3 마늘과 생강은 채썰고 마른고추는 잘게 자른다.

4 팬에 기름을 두르고 마늘, 생강, 마른고추를 볶아 향을 낸 후 가자미를 넣고 노릇하게 굽는다.

5 구운 가자미를 팬에서 들어내고, 그 팬에 고추를 넣어 색스럽게 볶는다.

6 팬에 다시 가자미를 넣고 청주를 더해 센 불에서 볶아 비린내를 날린다. 양념 재료들을 넣으면서 간이 배도록 볶는다.

고수의 비밀 노트

볶음요리엔 말린 가자미로!

볶음요리에는 생물 가자미보다 말린 가자미가 좋은데, 생물 가자미는 수분이 많아 볶음이나 조림 요리에 적당치 않고 보관도 오래할 수 없기 때문이다. 말린 가자미를 구입할 때는 적당히 살이 붙어 있고 손으로 눌러 보았을 때 탄력이 있는 것이 좋다. 만일 가자미가 너무 말라 딱딱하면 물에 살짝 불렸다가 사용하면 된다.
가자미를 기름에 구우면 가자미의 레티놀 성분을 더 효과적으로 흡수할 수 있어 피부와 눈에 좋다.

꽈리고추녹차가루찜

가족의 건강을 생각하는 주부의 마음이 고스란히 담긴
웰빙 밑반찬이에요

주재료
꽈리고추 ·····················40개
녹차가루 ·····················1큰술
밀가루 ·······················2큰술

매실소스
간장 ························2큰술
매실청 ·······················2큰술
참기름 ·······················1큰술
고춧가루 ····················1/2큰술
다진 마늘 ··················1작은술
풋고추 다진 것 ·········1/2큰술
홍고추 다진 것 ·········1/2큰술

이렇게 만드세요

조리시간  초보 **30분** 고수 **15분**

1
꽈리고추는 잘 씻어
꼭지를 떼고 물기를
제거한다.

2
분량의 재료를 모두
섞어 매실소스를
만든다.

3
녹차가루와 밀가루를
고루 섞어 체에
내려놓는다.

4
꽈리고추를 준비한
가루에 고루 버무려
둔다.

5
김이 오른 찜통에
꽈리고추를 넣어 고추
표면의 가루가 말갛게
될 때까지 찐다.

6
찜통에서 꺼낸
꽈리고추에 매실소스를
고루 버무려 따뜻할 때
상에 낸다.

고수의 비밀 노트

식감 높이는 녹차가루

녹차는 뜨거운 물에 우려내는 것보다 가루가 영양 흡수율 면에서 더
좋다. 따라서 요즘 조리할 때 녹차가루를 많이 사용하는 것이 추세
다. 여기에 설탕 대신 매실청을 더하면 그야말로 웰빙 반찬이 된다.
녹차가루는 고추의 매운맛을 부드럽게 해주고 찜을 완성했을 때 초
록빛이 더욱 짙어져 식욕을 자극한다. 녹찻잎이 있다면 녹찻잎을 물
에 불린 다음 고추를 버무릴 때 같이 섞어 조리하거나 녹찻잎을 다
져 양념장에 섞어 넣어 향긋함을 즐긴다.

굴비대파소스찜

바다 내음과 대파 향이 조화롭게 어우러진
향긋하고 특별한 맛에 푹 빠져 보세요

이렇게 만드세요   조리시간 🕐 초보 40분 🕐 고수 20분

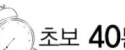

1 굴비는 숟가락 등을 이용해 비늘을 긁어낸 후 흐르는 물에 씻어 물기를 제거한다.

2 대파 흰 대부분과 고추는 곱게 채썰어 찬물에 담가 매운맛을 뺀다.

3 먼저 대파를 굵직하게 다져서 기름 두른 팬에 볶아 향을 낸다.

4 팬에 나머지 대파소스 재료를 섞어 한소끔 끓인다.

5 접시에 굴비를 담고 김이 오른 찜통에 넣어 10~15분 정도 찐다.

6 쪄낸 굴비 위에 채썬 대파, 풋고추, 붉은고추를 올리고 따뜻한 대파소스를 끼얹는다.

고수의 비밀 노트

값싼 굴비도 조리하기 나름~

굴비는 값비싼 생선으로 통하지만 크기가 작은 값싼 굴비도 많은 편.
굴비는 크기가 균일한 것이 좋고 모양이 흐트러지거나 내장이 터지지 않았으며, 배 부분이 볼록한 것이 좋다.
굴비 비늘은 칼끝으로 살살 긁어내면 되지만, 끝이 뾰족한 숟가락으로 긁으면 상처도 나지 않고 좀더 손쉽게 비늘을 제거할 수 있다.
대파소스는 우럭이나 도미, 금태 등과도 잘 어울리므로 레시피를 잘 익혀 두면 요긴하게 쓸 수 있다.

김녹차부각

녹차 맛이 은은하게 밴 김부각은 정성 가득한
고급 반찬으로 손색이 없어요

주재료
김밥용 김 ················· 20장
녹차가루 ················· 1큰술
통깨 ······················ 약간
포도씨유 ················· 약간

찹쌀풀
시판 찹쌀가루 ··········· 1/4컵
물 ························· 2컵

풀밑간
소금 ······················ 1작은술
설탕 ······················ 1큰술
흰후춧가루 ··············· 약간

이렇게 만드세요   조리시간 ⏰ 초보 **30**분 ⏰ 고수 **15**분(건조시간 제외)

1
냄비에 찹쌀가루와
물을 넣어 멍울 없이
풀면서 은근한 불에
끓여 풀을 쑨다.

2
찹쌀풀에 녹차가루와
밑간양념을 넣어 잘
섞은 다음 한 김
식힌다.

3
김을 한 장 펴놓고
찹쌀풀을 고루 바른
다음, 그 위에 다시
김을 올려 풀을 바른다.
그 다음 김 위에
3×4cm 간격으로
통깨를 뿌린다.

4
찹쌀풀 바른 김을
채반에 넣어 그늘진
곳에서 꾸덕하게
말린다.

5
김이 약간 꾸덕해지면
적당한 크기로 잘라
다시 그늘진 곳에서
바삭하게 말린다.

6
바삭 마른 김부각을
130℃ 정도의
기름에서 재빠르게
튀겨 식힌다.

고수의 비밀 노트

김부각 맛내기 노하우

김은 되도록 색이 검고 윤기가 나며 조직이 치밀한 것이 좋다. 부각
용 찹쌀풀은 주걱으로 들어 보았을 때 주르르 흐를 정도면 적당하
다. 찹쌀풀 바른 김은 통풍이 잘되는 그늘진 곳에서 말리는 것이 좋
은데 건조한 겨울에는 하루 정도, 봄이나 가을에는 이틀 정도 말리
면 충분하다.
김에 기름소금을 발라 구우면 베타카로틴 흡수를 촉진하고 구수한
향이 덜 날아가게 해주므로 일상반찬으로 맛있게 먹을 수 있다.

닭안심레몬마늘소스튀김

주말에 온가족이 함께 즐기기에 좋은 엄마표 홈 메이드
명품 요리예요

주재료
닭안심 · · · · · · · · · · · · · · · · · · · 10조각
소금 · 흰후춧가루 · · · · · · · · 약간씩
달걀흰자 · · · · · · · · · · · · · · · 2개분
녹말가루 · · · · · · · · · · · · · · · 4큰술
튀김기름 · · · · · · · · · · · · · · · 적당량

레몬마늘소스
물 · 1/3컵
레몬즙 · · · · · · · · · · · · · · · · · 4큰술
설탕 · · · · · · · · · · · · · · · · · · · 4큰술
식초 · · · · · · · · · · · · · · · · · · · 1큰술
소금 · · · · · · · · · · · · · · · · · · 1작은술
레몬조각 · · · · · · · · · · · · · · · 3~4쪽
굵게 다진 마늘 · · · · · · · · · · · 1큰술
녹말물 · · · · · · · · · · · · · · · · · · 약간

이렇게 만드세요

조리시간 초보 **50**분 고수 **30**분

 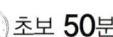 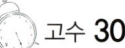

1 닭안심은 질긴 심을 제거하고 잔칼집을 넣어 준다.

2 닭안심에 소금, 후춧가루를 고루 뿌려 밑간한다.

3 밑간한 닭안심에 달걀흰자를 잘 바른 다음 녹말가루를 고루 묻힌다.

4 튀김옷을 입힌 닭안심을 180℃의 기름에서 바삭하게 튀겨 내고 한입 크기로 자른다.

5 냄비에 레몬조각과 녹말물을 제외한 소스 재료를 넣어 끓인다.

6 소스가 끓어오르면 레몬조각을 넣고 녹말물로 농도를 맞춘다. 소스가 완성되면 닭튀김에 끼얹어 낸다.

고수의 비밀 노트

닭안심 영양과 조리법

닭안심에는 신경을 안정시키는 마그네슘과 내분비계통을 조절하는 요오드가 다량 들어 있다. 또한 지방이 없어 고단백 저칼로리 보양 재료로 손꼽힌다.
닭안심을 튀길 때는 발연점이 높고 산패가 잘 되지 않는 포도씨유가 가장 좋고, 튀김옷은 녹말가루를 사용하면 좋다. 또 다른 튀김옷인 달걀은 노른자 없이 흰자만 사용해야 하는데, 노른자가 섞이면 닭안심이 익기도 전에 색이 나고 탈 수 있기 때문이다.

파래마무침

몸에 좋은 마와 파래를 조물조물 무치면 보약보다
더 좋은 반찬이 되죠

주재료

파래 ·150g
마 ·100g
식초 · 통깨 · · · · · · · · · · · · · · ·약간씩

무침양념

소금 ·1작은술
국간장 · · · · · · · · · · · · · · · · · · ·1작은술
다진 마늘 · · · · · · · · · · · · · · ·1/2큰술
설탕 ·1큰술
식초 ·2큰술
참기름 · · · · · · · · · · · · · · · · · · ·1작은술
깨소금 · · · · · · · · · · · · · · · · · · ·1작은술

이렇게 만드세요   조리시간 🕐 초보 **25분**   🕐 고수 **15분**

1
파래는 가는 소쿠리에 밭쳐
바락바락 씻은 후 물에 2~3회 헹궈
물기를 짠다.

2
마는 껍질을 벗기고 5cm 길이로
채썬 다음 식촛물에 살짝 담갔다
건져 놓는다.

3
분량의 무침양념 재료를 모두 섞고
파래를 넣어 조물조물 무친다.

4
식촛물에 담갔다 건진 마를 넣어
고루 섞고 마지막에 통깨를 뿌린다.

고수의 비밀 노트

마와 파래 손질법

마에는 몸에 좋은 효소가 많이 들어 있어 보양반찬을 만들기에 적합한 재료이지만, 공기와 닿으면 갈변하기 쉬운 것이 단점. 이를 방지하기 위해 식촛물에
담갔다가 건진다. 사용하고 남은 마는 키친타월이나 신문지에 싼 후 비닐 랩으로 한 번 더 감싸 냉장 보관하면 된다. 파래는 물기를 꼭 짜야 겉물이 돌지 않
고 간이 잘 밴다. 파래에 함유된 비타민 A는 담배 때문에 손상된 폐의 점막을 재생하고 보호해 준다.

더덕오이생채

새콤달콤하게 무친 더덕생채는 가족들의
원기 회복에 최고죠

주재료

더덕	3~4뿌리
오이	1개
통깨	약간

양념

고춧가루	1과1/2큰술
깨소금	1큰술
설탕	1큰술
참기름	1/2큰술
다진 마늘	2작은술
소금	1작은술
식초	1과1/2큰술
국간장	약간

이렇게 만드세요　조리시간 초보 **40**분, 고수 **20**분

1
더덕은 껍질을 벗긴 후 방망이로
자근자근 두드려 부드럽게 되면
잘게 찢어 둔다.

2
오이는 5cm 길이로 자른 후 반
갈라 골패 모양으로 썬다.

3
더덕과 오이를 고루 섞고 양념 재료
중 고춧가루만 넣어 붉게 물들인다.

4
나머지 양념 재료를 섞어 모두 넣고
살살 버무린 다음 통깨를 뿌린다.

고수의 비밀 노트

더덕, 손쉽게 손질하기

껍질 깐 더덕은 좀더 비싸므로 껍질째 파는 더덕을 구입하는 게 경제적이다. 더덕 껍질을 벗길 때는 흙을 잘 털어내고 씻은 후 석쇠에 올려 물기가 가실 정
도로만 살짝 굽는다. 그런 다음 과도로 껍질을 살살 돌려가며 벗기면 진도 나오지 않고 잘 벗겨진다. 껍질 벗긴 더덕을 납작하게 두들겨 찬물에 담가 두면
쓴맛을 우려낼 수 있다. 더덕 대신 도라지를 이용해도 좋다.

김달래무침

봄철 입맛 살리는 데는 달래가 으뜸이죠.
김과 함께라면 더없이 좋아요

주재료

달래	100g
김밥용 김	16장
붉은고추	1/2개

양념

간장	3큰술
고춧가루	1큰술
설탕	1큰술
참기름	1큰술
통깨	1/2큰술

이렇게 만드세요   조리시간 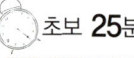 초보 **25**분 🕐 고수 **15**분

1
달래는 여러 번 헹구어 씻은 후
5cm 길이로 자르고 붉은고추는
씨를 털어내고 곱게 채썬다.

2
김은 앞뒤로 바삭하게 구워
비닐봉지에 넣고 곱게 부순다.

3
분량의 양념 재료를 모두 더해
무침양념을 만들고, 달래와 채썬
붉은고추를 합해 살살 버무린다.

4
곱게 부순 김을 넣고 가볍게
섞는다.

고수의 비밀 노트

김밥용 김과 달래만 준비하면 끝

달래는 맛은 맵고 성질은 따뜻해 혈액순환을 원활하게 해주는 대표적인 봄철 채소다. 달래는 야생 마늘의 일종이라 향이 강하므로 무칠 때 너무 뒤적이지
않도록 한다. 김을 구울 때는 3장 정도 겹쳐 석쇠에 올린 후 중불에서 앞뒤로 살살 돌려가며 구워야 타지도 않고 김 가운데까지 고루 익는다. 무침용 김은
조직이 치밀한 김밥용 김이 좋다.

얼갈이사과겉절이

봄철 대표 채소인 얼갈이는 새콤달콤하게 버무려
바로 먹어야 제 맛이죠

주재료

얼갈이	400g
사과	1개
풋고추	1개
붉은고추	1/2개
통깨	약간

겉절이양념

물	4큰술
고춧가루	2큰술
멸치액젓	3큰술
깨소금	2큰술
참기름·설탕	1큰술씩
다진 마늘	1큰술

이렇게 만드세요 조리시간 ⏰ 초보 **35분**, ⏰ 고수 **20분**

1 얼갈이는 잘 씻어 물기를 빼고 한 입 크기로 썰어 둔다.

2 사과는 6등분하여 씨 부분을 제거하고 부채꼴 모양으로 납작하게 썬다.

3 풋고추와 붉은고추는 씨를 제거하고 3cm 길이로 곱게 채썬다.

4 그릇에 얼갈이, 사과, 고추를 고루 섞어 담고 겉절이양념을 넣어 버무린다. 마지막에 통깨를 뿌린다.

고수의 비밀 노트

사과 대신 밤, 얼갈이 대신 봄동도 OK!

봄철 채소는 새콤달콤하게 버무리면 입맛을 돋우는데 제격이다. 봄철 채소에 부재료를 넣어 함께 조리하면 맛도 영양도 더욱 좋아진다. 밤이나 배가 집에 있다면 사과 대신 써도 무방하며, 얼갈이 대신 봄동이나 배추속대를 써도 비슷한 맛을 낼 수 있다. 사과나 배는 갈변 현상이 일어나는 과일이지만, 고춧가루에 무칠 때에는 갈변 방지에 그리 신경 쓰지 않아도 된다.

단호박카레볶음

입맛 돋워 주는 노란색의 유혹!
다이어트 메뉴로도 손꼽히고 있어요

주재료
단호박 ·····················1/2통
양파·······················1/2개
풋고추·······················1개
통깨························약간

소금물
물 ························2컵
소금·····················1작은술

양념
다진 마늘 ················1작은술
카레가루 ·················2큰술
식용유 ···················2큰술
소금 · 후춧가루 ··········약간씩

이렇게 만드세요

조리시간 초보 **25**분 고수 **15**분

1
단호박은 껍질을
벗기고 씨를 제거한
다음 5cm 길이로
썬다.

2
물 2컵에 소금
1작은술을 섞은 후
단호박을 담가 둔다.

3
풋고추와 양파는 4cm
길이로 채 썬다.

4
팬에 식용유를 두르고
다진 마늘을 볶아 향을
낸다.

5
마늘 향이 우러난 팬에
썰어 놓은 단호박을
넣고 부서지지 않도록
살살 볶는다.

6
단호박이 익으면
풋고추와 양파,
카레가루를 넣고 한 번
더 볶다가 소금,
후춧가루, 통깨를 뿌려
마무리한다.

고수의 비밀 노트

단호박 손질법&조리법

단호박은 1/2통으로도 판매하므로 이를 이용하면 알뜰하게 요리할
수 있다. 단호박 껍질은 너무 단단해서 벗기기 힘들므로 통째로 전자
레인지에 넣고 5~10분 정도 가열해 살짝 익힌 후 도마에 놓고 약간
두껍게 칼로 저미듯 벗긴다. 단호박을 볶기 전 미리 소금물에 담가
두면 볶을 때 부서지지 않는다. 볶음에 넣은 카레의 매운맛을 줄이
고 싶다면 플레인요구르트나 우유를 조금 섞고 좀더 토속적인 맛을
원한다면 간장이나 된장을 넣는다.

날치알달걀찜

늘 먹는 반찬이라도 고급스러운 재료 하나만 더하면
명품 반찬으로 재탄생하죠

주재료

달걀 ························ 5개
다시마물 ····················· 1컵
쪽파 ························· 4대
날치알 ······················ 4큰술
소금 · 흰후춧가루 ·········· 약간씩
식용유 ······················· 약간

이렇게 만드세요 조리시간 초보 35분 고수 20분

1 달걀은 풀어서 다시마물과 섞은 다음 체에 내린다.

2 쪽파는 송송 썰어 준비한다.

3 체에 내린 달걀에 소금, 흰후춧가루로 간을 맞추고 날치알을 넣어 섞는다.

4 송송 썬 쪽파를 넣어 고루 섞는다.

5 뚝배기나 찜기 안쪽에 식용유를 약간 바르고 달걀물을 8부 정도 붓는다.

6 김이 오른 찜통에 찌거나 중탕으로 익힌다.

고수의 비밀 노트

날치알달걀찜 맛 살리기

날치알은 조리하기 전에 식초나 레몬즙에 살짝 버무렸다가 사용하면 비린맛도 없어지고 탱글탱글 씹히는 맛도 살릴 수 있다. 찬물에 너무 씻으면 날치알의 맛이 모두 빠져 밍밍해지고 비린맛이 강해질 수 있으므로 주의한다.
달걀은 풀어서 다시마물을 섞은 다음 체에 내려 강하지 않은 불에서 충분히 익히면 부드럽다. 다시마물 대신 우유나 가다랭이국물을 사용하면 더욱 부드럽고 감칠맛이 난다.

꽁치데리야키소스구이

맛깔스러운 소스를 발라 속까지 바싹 익힌 꽁치 하나면
다른 반찬 아무것도 필요 없어요

주재료
꽁치 ····················3마리
소금·후춧가루·생강즙 ···약간씩
생강채····················1큰술

데리야키소스
다시마물 ···············1과1/2컵
간장·청주···········1/2컵씩
설탕 ···················3큰술
조청 ···················2큰술
양파····················1/2개
저민 생강 ·············1/2쪽분
마른고추 ···················1개

이렇게 만드세요

조리시간 ⏰ 초보 **40**분 ⏰ 고수 **25**분

1 꽁치는 비늘과 내장을 제거하고 흐르는 물에 씻어 물기를 제거한다.

2 꽁치를 2~3등분한 후 소금, 후춧가루, 생강즙을 뿌려 밑간 한다.

3 냄비에 분량의 데리야키소스 재료를 넣고 반 정도 졸아들 때까지 끓인다.

4 소스를 체에 걸러 냄비에 다시 넣고 윤기가 나면서 농도가 걸쭉해질 때까지 충분히 조린다.

5 데리야키소스를 발라 가며 꽁치를 석쇠나 팬에서 노릇하게 구워 익힌다.

6 꽁치에 통깨를 뿌리고 채썬 생강을 곁들인다.

한 번에 두 가지 반찬 만드는 비법

꽁치가 비쌀 때는 정어리·고등어·전갱이 등 다른 등푸른 생선을 써도 된다. 꽁치와 함께 꽈리고추나 연근, 감자 등에 데리야키소스를 발라 구우면 두 가지 반찬을 한 번에 만들 수 있다. 꽁치를 구울 때는 충분히 달군 팬이나 석쇠에 올려 겉면을 미리 익힌 후 불을 줄여 속까지 익혀야 살이 부서지거나 타는 것을 막을 수 있다.
시판용 녹차소금을 이용하면 생선의 비린맛을 없애고 밑간까지 해결할 수 있다는 것도 고수들의 귀띔.

미니파프리카잡채

아삭아삭~ 달콤하게 씹히는 맛도 일품,
갖가지 비타민 보충에도 최고!

주재료
미니파프리카 ······················ 1팩
돼지고기(등심 또는 목살) ··· 100g
양파 ······························ 1/2개

돼지고기 밑간
청주 ······························ 1큰술
소금 · 후춧가루 ··········· 약간씩
다진 마늘 ··············· 1작은술

양념
간장 ······························ 1큰술
식용유 ····························· 1큰술
설탕 ······························ 1작은술
소금 · 후춧가루 ··········· 약간씩
고추기름 ················ 1/2큰술

이렇게 만드세요

조리시간 초보 **30**분 고수 **20**분

1 돼지고기는 곱게 채썰어 분량의 양념으로 밑간한다.

2 미니파프리카는 반 갈라 씨를 뺀 다음 5cm 길이로 곱게 채썬다.

3 양파도 파프리카와 같은 길이로 곱게 채썬다.

4 팬에 식용유를 두르고 돼지고기를 볶아 완전하게 익힌다.

5 양파와 파프리카를 넣고 간장과 설탕, 소금, 후춧가루를 넣어 볶는다.

6 재료들이 고루 어우러지면 고추기름을 두른다.

고수의 비밀 노트

각종 비타민 듬뿍, 파프리카

파프리카는 단맛이 나고 아삭아삭한 식감이 좋아 생식은 물론 볶음을 하기에 좋다. 특히 미니파프리카는 일반 파프리카에 비해 육질이 부드럽고 단맛이 강해 생으로 먹어도, 익혀 먹어도 맛있다. 또한 일반 파프리카 한 두 개 살 가격으로 미니파프리카 한 팩을 살 수 있으므로 다양한 색깔의 파프리카를 고루 즐길 수 있다는 것도 큰 장점이다. 파프리카는 색깔에 따라 비타민의 종류가 조금씩 다르므로 다양한 색깔이 고루 들어갈 수 있도록 조리한다.

굴비매운찌개

그대로 따라 하기만 하면 남편도, 시어머니도
인정하는 맛이 완성돼요

주재료

굴비	4마리
무	200g
대파	1/2대
풋고추 · 붉은고추	1개씩
미나리나 쑥갓	약간씩
다시마물	4~5컵

양념

고추장	1큰술
된장	1/2큰술
고춧가루	2큰술
다진 마늘	1큰술
소금 · 후춧가루	약간씩

이렇게 만드세요

조리시간 ⏰ 초보 **40**분 ⏰ 고수 **30**분

1
굴비는 비늘을 긁어낸
후 옅은 소금물에 씻어
2~3토막을 낸다.

2
무는 납작하게 썰고
대파, 풋고추,
붉은고추는 어슷하게
썰어 준비한다.
미나리와 쑥갓은
깨끗이 씻어 건져둔다.

3
분량의 다시마물에
고추장과 된장을 섞어
멍울 없이 푼 다음
한소끔 끓인다.

4
국물에 고춧가루와
다진 마늘, 무를 넣고
끓인다.

5
무가 익으면 굴비와
대파, 풋고추,
붉은고추를 넣고
한소끔 끓인다.

6
어느 정도 끓으면 소금,
후춧가루로 간을 맞춘
후 기호에 따라
쑥갓이나 미나리를
올린다.

고수의 비밀 노트

찌개양념 황금비율

찌개는 처음부터 센 불로 끓이되 국물이 끓기 시작하면 약한 불에
서 은근하게 보글보글 끓여야 제 맛이 난다.
찌개양념으로는 고추장과 된장을 1 : 0.5의 비율로 넣어야 가장 맛있
다. 고추장의 칼칼하고 매운맛과 된장의 깊고 담백한 맛이 어우러
져 굴비의 비린맛을 없애 준다. 고추장은 텁텁하고 달지 않은 재래
식 고추장이 제격이다. 만일 굴비의 비린맛이 강하다면 조리 전에
생강즙과 청주를 뿌려 두면 특유의 냄새가 사라진다.

굴무채국

남편 해장국으로 으뜸이에요. 개운하고 시원한
국물 맛은 활력까지 챙겨 줘요

주재료

굴	400g
무	200g
쪽파	3대
다시마물	4~5컵
소금	약간

양념

참기름 · 국간장	1큰술씩
다진 마늘	1큰술
소금 · 후춧가루	약간씩

이렇게 만드세요

조리시간 🕐 초보 **45분** 🕐 고수 **30분**

1 굴은 옅은 소금물에
살살 흔들어 씻은 뒤
체에 밭쳐 물기를 뺀다.

2 무는 5cm 길이로
채썰고 쪽파는 송송
썬다.

3 냄비에 참기름을 두른
후 채썬 무와 다진
마늘을 넣고 달달
볶는다.

4 무가 반쯤 익어
투명해지면 다시마물을
붓고 중불에서
10~15분 정도 끓인다.

5 무가 익어 떠오르면
분량의 국간장을 넣고
소금, 후춧가루로 간을
맞춘다.

6 국물이 어느 정도
끓으면 굴을 넣고 다시
한소끔 끓인다. 굴이
익으면 쪽파를 넣고
따뜻하게 담아 낸다.

고수의 비밀 노트

굴과 무로 깔끔한 국물 내기

다시마국물은 맑은 국이나 찌개, 전골에 두루 사용한다. 국물 맛이
진하지 않고 깔끔하면서도 감칠맛이 나 부담 없이 즐길 수 있기 때
문. 청양고추를 넣으면 더 칼칼하고 개운해 입맛을 돋운다. 다시마
국물을 만들 때 사용하는 다시마는 얇은 것보다 검은빛을 띠고 도
톰한 것이 좋다. 굴은 옅은 소금물에 여러 번 씻어 준비하는 것이 보
통이지만, 고수들은 무를 간 후 굴과 함께 살살 버무려 옅은 소금물
에 씻어 준비하기도 한다.

바지락짬뽕

바다 내음 가득한 화끈한 짬뽕 한 그릇! 별미 음식이
당길 때 후다닥 만들어 보세요

주재료

바지락	400g
배춧잎	2장
양파	1/2개
불린 표고버섯	2장
마른고추	1개
대파	1/2대
마늘	2쪽

바지락육수

물	5컵
생강	1개
마른고추	1개

양념

식용유	1큰술
마른고추	1개
고춧가루	2큰술
청주 · 간장 · 굴소스	1큰술씩
고추기름	2큰술
소금 · 후춧가루	약간씩

이렇게 만드세요

 조리시간 초보 **45**분 고수 **30**분

1 바지락의 해감을 뺀 후 분량의 육수 재료를 넣고 국물을 끓인다. 한소끔 끓고 나면 체에 걸러 국물과 바지락을 분리한다.

2 마른고추는 잘게 자르고, 대파와 마늘은 가늘게 채썬다.

3 양파와 표고버섯은 채썰고 배춧잎은 4cm 길이로 썬다.

4 둥근 팬에 식용유를 약간 두르고 잘게 자른 마른고추, 대파채, 마늘채를 볶아 향을 낸다.

5 향신채를 볶은 팬에 청주와 간장, 굴소스, 고춧가루를 넣고 표고버섯, 양파, 배추, 바지락 순으로 넣고 볶다가 육수를 붓는다.

6 국물이 끓어오르면 소금, 후춧가루로 간을 맞추고 불을 끄기 직전에 고추기름을 두른다. 밥이나 우동 면과 곁들여도 좋다.

고수의 비밀 노트

바지락의 별미 메뉴 변신

만일 바지락이 비싸거나 상태가 좋지 않으면 홍합이나 모시조개를 써도 좋다. 바지락이나 홍합, 모시조개를 소금물에 넣고 검은 봉지를 덮어 선선한 곳에 놓아 두면 해감을 더욱 빠르고 확실하게 토해 낸다. 조리했을 때 입을 굳게 다문 조개는 이미 죽은 것이므로 건져 내어 버린다. 매콤한 맛 대신 담백하고 맑은 짬뽕을 원한다면 고춧가루와 고추기름을 사용하지 말고 조리 과정 마지막에 참기름을 살짝 둘러 주도록 한다.

날치알해초샐러드

해초는 꼬들꼬들하게, 날치알은 탱글탱글하게
조리하는 것이 중요해요

주재료

모둠해초	200g
오이	1/2개
당근	1/5개
날치알	4큰술
레몬즙	1/2큰술

소스

설탕	2큰술
물	2큰술
식초	2큰술
레몬즙	2큰술
다진 마늘	2큰술
소금	1작은술

이렇게 만드세요   조리시간   ⏰ 초보 25분   ⏰ 고수 15분

1
모둠해초는 찬물에 담가 소금기를
빼고 흐르는 물에 바락바락 잘 씻어
체에 밭친다.

2
오이와 당근은 반으로 갈라
어슷하게 썬다.

3
날치알은 해동 후 레몬즙에 살살
버무려 비린맛을 없앤다.

4
모둠해초와 오이, 당근을 소스에 잘
버무린 후 날치알을 섞거나 뿌린다.

고수의 비밀 노트

날치알과 해초의 식감 살리는 노하우

날치알 1팩은 한 끼 반찬을 만들고도 남는 양이므로 잘 보관했다 다시 사용하면 된다. 해초는 모둠해초가 실속 있다. 모둠해초는 바락바락 여러 번 씻어 소
금기를 빼고 꼬들꼬들한 맛을 살린다. 미끈거림이 쉬 가시지 않으면 끓는 물에 살짝 데쳤다 쓰는 것이 좋다. 날치알에 레몬즙을 뿌려 비린맛을 없애는 것도
고수들의 노하우!

양송이마늘장조림

짭짤하면서도 부드럽게 씹히는 맛 때문에
자꾸 밥 생각나게 만들어요

주재료

양송이버섯	30개
마늘	20쪽
꽈리고추	10개
소금	약간

조림장

물	1컵
간장	4큰술
설탕	1큰술
조청	1큰술
청주	1큰술

이렇게 만드세요

조리시간 초보 **50분** 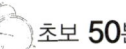 고수 **25분**

1 양송이버섯과 마늘은 소금물에 살짝 데쳐 체에 밭쳐 물기를 빼고 식힌다.

2 꽈리고추는 깨끗이 씻어 꼭지를 딴다.

3 분량의 조림장 재료를 섞어 한소끔 끓인 후 불을 줄이고 양송이버섯을 넣어 조림장이 1/2로 줄 때까지 조린다.

4 마늘을 넣고 조리다가 마늘에 간이 배면 꽈리고추를 넣고 마저 조린다.

고수의 비밀 노트

양송이버섯과 마늘, 미리 데치기

부드러운 질감의 양송이버섯과 익힐수록 맛이 좋아지는 마늘은 잘 조리기만 해도 맛깔스러운 반찬이 된다. 양송이버섯은 반드시 데친 다음 조려야 하는데, 데치지 않고 조리면 버섯에서 물이 빠져 나오고, 시큼한 맛이 나며 변질의 원인이 되기 때문이다. 마늘 역시 살짝 데쳐 조리면 아린맛이 없어지고 향이 부드러워져 양송이버섯과 잘 어울린다.

2 먹어도 먹어도 맛있다

박.종.숙.의.

두부 반찬

고소하면서 담백하고 질감이 부드러운 두부는 그 자체만으로도 맛있지만,
간이 잘 배어 채소나 고기, 생선은 물론 어떤 양념장과도 두루 잘 어울리므로
요리 재료로서 제격이다. 여기에 한 가지 더, 저렴한 가격으로 최근의 웰빙 트렌드를
즐길 수 있는 식품이기도 하다. 콩으로 만든 식품의 대표격인 슈퍼푸드 두부는
각종 성인병을 예방하고 건강과 다이어트에 효과를 발휘하며, 아이들의 성장발육에
중요한 역할을 하므로 매일 밥상에 올려보자.

두부두루치기

매콤한 맛이 당기세요? 매운 양념 넣어 자박하게 끓인
두부두루치기 어떠세요

주재료

두부	1모
돼지고기	100g
대파	1대
양파	1/2개
풋고추	2개
붉은고추	1개
후춧가루	약간

돼지고기양념

간장 · 다진 파	1큰술씩
다진 마늘 · 매실청	1/2큰술씩
후춧가루	약간
생강즙	1/2작은술

두루치기양념장

고추장	6큰술
된장	1/2큰술
육수	1/2컵
고춧가루 · 다진 마늘	1큰술씩
매실청	1큰술
생강즙	1/2작은술

이렇게 만드세요

조리시간 초보 **35분** 고수 **25분**

1 두부는 큼직하게 썰어 후춧가루를 뿌려 밑간한다.

2 대파는 어슷하게 썰고, 양파는 채썰어 준비한다. 풋고추, 붉은고추는 어슷썰어 씨를 털어낸다.

3 돼지고기에 들어갈 간장, 다진 파와 마늘, 매실청, 후춧가루, 생강즙을 준비한다.

4 돼지고기를 굵게 다져 양념장으로 조물조물 무친다.

5 양념한 돼지고기를 볶다가 두루치기양념장을 섞어 끓인다.

6 국물이 끓으면 대파, 양파, 풋고추, 붉은고추를 넣어 매운맛을 더하고 두부를 얹어 국물을 끼얹으면서 자박하게 조린다.

고수의 비밀 노트 **맛과 향을 더하는 파채**

두루치기는 김치나 돼지고기 등의 재료를 넣어 센 불에서 바특하게 끓여먹는 음식으로, 넣는 재료에 따라 색다른 맛을 즐길 수 있다. 두루치기에 파를 많이 넣으면 푸짐해지고 갖은 재료의 잡냄새도 없앨 수 있다.

삼겹살을 먹을 때 파채무침과 함께 먹으면 맛이 좋듯이, 돼지고기가 들어가는 두루치기 역시 파를 넣으면 맛과 향이 좋아진다. 두루치기에 쓰는 파는 씹히는 식감을 느낄 수 있도록 대파를 사용하는 것이 정석이다. 파는 가장 마지막에 넣어 늘어지지 않도록 한다.

두부김치

잘 익은 김치와 두부만 있으면 누구나 만들 수 있는 스피드 영양식이에요

주재료

두부	1모
배추김치	1/4포기
돼지고기	200g
북어머리육수	2컵
김치국물	1/2컵

김치양념

들기름	3큰술
매실청	1큰술

고기양념

간장 · 다진 파	1/2큰술씩
다진 마늘 · 설탕	1작은술씩
후춧가루	약간
생강즙	1/3작은술
참기름	1/2큰술

이렇게 만드세요

조리시간 초보 **40**분 고수 **30**분

1 김치는 잘 익은 것으로 골라 알맞은 크기로 썬다.

2 들기름 3큰술과 매실청 1큰술을 김치와 합해 조물조물 무친다.

3 돼지고기는 송송 썰어 간장, 다진 파, 다진 마늘, 설탕, 후춧가루, 생강즙, 참기름을 넣어 무친다.

4 냄비를 달궈 양념한 돼지고기를 볶다가 김치를 넣어 고루 섞어가며 익힌다.

5 볶은 돼지고기와 김치에 김치국물과 북어머리육수를 붓고 푹 끓이듯이 볶는다.

6 냄비에 물을 붓고 소금을 약간 넣은 후, 두부를 통째로 넣어 뜨겁게 삶아 썬다.

고수의 비밀 노트 **김치 신맛이 너무 강할 때는**

우리나라 사람이라면 누구나 좋아하는 두부김치. 맛있게 익은 김치만 있다면 짧은 시간 안에 만들 수 있는 최고의 일품요리다.

두부김치에 쓰이는 김치는 잘 익은 배추김치가 최고인데, 만일 김치가 너무 익어 신맛이 강해졌다면 밑양념을 할 때 설탕이나 매실청을 넣어 신맛을 줄여줄 필요가 있다. 설탕은 백설탕보다 단맛이 덜한 황설탕을 사용하는 것이 더욱 좋다. 김치를 너무 잘게 썰면 먹기 불편하므로 두부와 함께 먹기 좋은 크기로 썰어 달달 볶아 상에 낸다.

탕수두부

칼로리는 낮추고 영양은 듬뿍, 두부의 색다른 변신
탕수두부를 만들어 보세요

주재료

두부	1모
당근	10g
오이	1/4개
불린 목이버섯	3개
파인애플 링	1개
피망	1/2개
방울토마토	5~6개

탕수소스

물	2/3컵
간장	1큰술
설탕	3큰술
식초	2큰술
레몬	1/6개

부재료

소금 · 후춧가루	약간씩
녹말가루	5큰술
식용유	4컵
녹말물	2큰술

이렇게 만드세요

조리시간 초보 **45**분 고수 **35**분

1
두부는 사방 2cm
크기로 깍둑썰기한 후
소금과 후춧가루를
뿌려 밑간한다.

2
밑간한 두부를
키친타월 위에 올려
물기를 뺀다.

3
준비된 채소와 과일은
다듬어 두부와 같은
크기로 깍둑썰기 한다.

4
두부에 녹말가루를
고루 묻힌 다음, 튀김
팬에 식용유를 넣어
170℃의 온도가 되면
튀겨낸다.

5
다른 팬에 분량의
탕수소스 재료를 모두
넣고 끓이다가 당근과
오이, 목이버섯,
파인애플, 피망,
방울토마토를 넣는다.

6
소스가 어느 정도
끓으면 녹말물을 넣어
걸쭉하게 만들고, 튀긴
두부 위에 끼얹는다.

고수의 비밀 노트 ## 두부를 맛있게 튀기려면

두부는 수분을 함유하고 있어 튀기기 까다로운 식재료 중 하나이
다. 두부는 튀기기 전에 키친타월에 올려 물기를 뺀 다음, 녹말가루
를 묻힌다. 녹말가루는 두부 모든 면에 고루 묻을 수 있도록 하고,
깨끗한 기름에서 바싹 튀겨내야 한다.
두부를 튀기기에 적당한 온도는 170℃로, 튀김옷을 넣었다 잠시
후 떠오르는 정도이다. 170℃의 온도에서 튀겨낸 두부는 속은 부
드럽고 겉은 바삭한 느낌이 살도록 1분 정도 지나 다시 한 번 튀겨
낸 후 키친타월에 밭쳐 기름기를 뺀다.

두부들깨탕

구수한 전골 국물에 더해진 들깨물이 푸짐한
시골 밥상을 생각나게 만들어요

주재료

두부	1/2모
쇠고기(양지머리)	100g
들기름	2큰술
꽃소금	약간
양송이 · 느타리버섯	100g씩
표고버섯 · 새송이버섯	100g씩
팽이버섯	1봉
무	150g
양파	100g
붉은고추	1개
쪽파	2대

고기양념

간장	1큰술
설탕 · 다진 마늘 · 참기름	1작은술
후춧가루	약간

육수

들깨물 ┌ 들깨	1컵
└ 양지머리육수	2컵
양지머리육수	4컵
다진 마늘 · 액젓	1큰술씩
꽃소금 · 후춧가루	약간씩

이렇게 만드세요   조리시간 ⏰ 초보 **40**분 ⏰ 고수 **30**분

1
양송이와 표고버섯은
도톰하게 썰고
느타리는 굵게 찢는다.
새송이버섯은 길이로
반 갈라놓고,
팽이버섯은 뿌리
부분을 잘라놓는다.

2
무는 길이 5cm, 두께
2cm 크기로 썰고,
붉은고추는 씨를 뺀 뒤
곱게 채썬다. 쪽파는
5cm 길이로, 양파는
도톰하게 썬다.

3
쇠고기는 채썰어
고기양념을 더해
조물조물 무친다.

4
두부는 먹기 좋은
크기로 썰어 소금과
후춧가루를 솔솔 뿌려
재워놓았다가 들기름을
넣은 팬에 올려
노릇하게 지진다.

5
들깨는 양지머리육수
2컵과 함께 블랜더에
곱게 갈아 체에 거른다.

6
양지머리육수 4컵에
다진 마늘, 액젓,
꽃소금, 후춧가루를
넣어 간을 한다. 냄비에
채소, 고기, 두부를
돌려 담아 끓이다 ⑤의
들깨물을 부어 살짝 더
끓인다.

고수의 비밀 노트 두부는 들기름에 부치기

두부는 부침이나 찌개에 다양하게 사용된다. 특히 각종 찌개에 감
초처럼 들어가는 식재료인데, 어떤 국물요리를 하느냐에 따라 두부
조리 방법이 달라진다.

김치찌개나 된장찌개, 부대찌개 등에는 찌개용 두부를 크기대로
썰어 다른 재료와 함께 보글보글 끓이면 되지만, 들깨탕처럼 구수
한 전골 형식으로 끓일 때는 프라이팬에 한 번 부쳐 사용하는 것이
좋다. 이때는 식용유 대신 들기름에 부쳐 느끼한 맛을 줄이는 것이
중요하다.

마파두부

연두부는 부서지지 않게 썰어 살짝 데쳐야
양념이 고루 배고 식감도 좋아져요

주재료
연두부 · 1모
돼지고기 다진 것 · · · · · · · · · · 50g
꽃소금 · · · · · · · · · · · · · · · · 2작은술
물 · 4컵

부재료
풋고추 · · · · · · · · · · · · · · · · · · · 1개
붉은고추 · · · · · · · · · · · · · · · · 1/2개
청주 · 간장 · 참치액 · · · · · · 1큰술씩

닭육수 · · · · · · · · · · · · · · · · · · · 1컵
후춧가루 · · · · · · · · · · · · · · · · · 약간
설탕 · · · · · · · · · · · · · · · · · 1작은술
녹말물 · · · · · · · · · · · · · · · · · 2큰술
고추기름 · · · · · · · · · · · · · · · · 1큰술

볶음소스
고추기름 · · · · · · · · · · · · · · · · 1큰술
마른고추 · · · · · · · · · · · · · · · · · 1개
대파 · · · · · · · · · · · · · · · · · · · 1/2대
마늘 · 2쪽
생강 · · · · · · · · · · · · · · · · · · · 1/2쪽
쌈장 · · · · · · · · · · · · · · · · · · · 2큰술

이렇게 만드세요   조리시간 ⏰ 초보 **35**분 ⏰ 고수 **20**분

1 마른고추는 어슷썰고 생강과 마늘은 채썬다. 대파는 적당하게 토막을 낸다.

2 프라이팬에 고추기름 1큰술을 두르고 마른고추, 대파, 마늘 · 생강 채썬 것과 쌈장을 넣어 충분히 볶는다.

3 ②에 다진 돼지고기를 넣어 볶다가 어슷썬 풋고추, 붉은고추와 청주, 간장, 닭육수를 부어 끓인다.

4 ③이 어느 정도 끓으면 참치액과 후춧가루, 설탕으로 간을 맞춘다.

5 두부는 사방 1.5cm 크기로 썰어 끓는 물에 소금을 넣고 데친 다음 체에 걸러 물기를 뺀다.

6 ④가 끓으면 데친 두부를 넣어 1~2분 정도 더 끓이다가 녹말물을 넣어 고루 섞는다. 마지막에 고추기름을 1큰술 넣는다.

고수의 비밀 노트 ## 입맛 돋워주는 고추기름

대부분의 요리는 볶음을 할 때 식용유나 올리브유 등을 사용하지만 마파두부만큼은 고추기름을 사용해야 마파두부 고유의 맛을 살릴 수 있다.

고추기름은 시판하는 것도 많지만, 식용유와 양파, 대파를 넣어 끓인 다음 체에 건지고, 고춧가루, 다진 생강과 마늘에 끓인 기름을 부어 받아내면 홈메이드 고추기름이 만들어진다.

마파두부 조리 마지막 과정에 고추기름을 한 번 더 넣으면 고소하면서도 매콤한 맛이 더해져 최고의 요리가 완성된다.

두부스테이크

잘 구운 두부 한 모에 맛있는 소스만 올려도
쇠고기스테이크 부럽지 않은 일품요리가 만들어져요

주재료

두부	1모
소금	1/2큰술
후춧가루	약간
들기름	2큰술
쇠고기채	20g
느타리버섯	50g
표고버섯 · 풋고추	1개씩
붉은고추	1/2개
쪽파	3줄기
은행	10알
닭육수	1/2컵
물녹말	1큰술
팽이버섯	1/2봉
참기름	1/2큰술

부재료

식용유	1큰술
대파	1/4대
마늘	2쪽
생강	1개
청주 · 간장 · 참치액	1큰술씩

이렇게 만드세요

조리시간 🕐 초보 **35분** 🕐 고수 **25분**

1
두부 1모를 키친타월 위에 놓아 물기를 뺀 후 소금과 후춧가루로 밑간을 한다.

2
프라이팬을 달궈 들기름을 두르고 두부의 여섯 면을 고루 노릇하게 굽는다.

3
두부를 가로세로 3등분씩하면서 깊이 2/3지점까지 칼집을 넣는다.

4
두부를 지진 팬에 파, 마늘, 생강, 쇠고기 채썬 것을 볶다가 청주를 넣고 간장, 참치액으로 간한다.

5
표고는 채썰고 쪽파와 고추는 송송 썰어 은행, 닭육수를 넣어 끓인다.

6
국물이 끓으면 물녹말을 풀어 농도를 조절하고, 팽이버섯을 넣는다. 참기름을 넣어 마무리하고, 두부 위에 완성된 소스를 얹는다.

고수의 비밀 노트

팽이버섯은 맨 마지막에 넣기

소스 안에 버섯을 넣어야 하는 경우, 팽이버섯만큼은 가장 나중에 넣어야 한다. 팽이버섯은 쉽게 나른해지는 식재료이기 때문이다. 만일 소스를 만든 후 상에 내기까지 시간이 남는다면 팽이버섯은 미리 넣지 말고 마지막 데울 때 넣는 것이 바람직하다.

두부 역시 뜨거울 때 내야 부드럽고 고소한 맛이 유지된다. 두부는 미리 구워 두지 말고 반드시 먹기 직전에 굽도록 한다. 이왕이면 스테이크용 그릇도 살짝 데워 식사 내내 따뜻함이 유지되도록 한다.

두부버섯된장찌개

두부와 버섯을 넣어 보글보글 끓인 된장찌개 하나면
온 식구가 행복해지죠

주재료

두부 · 1/3모
쇠고기 · 호박 · · · · · · · · · · · 100g씩
표고버섯 · 2장
애느타리버섯 · · · · · · · · · · · · · · · 70g
팽이버섯 · · · · · · · · · · · · · · · · · 1/2봉
해송이버섯 · · · · · · · · · · · · · · · · 70g
대파 · 1/2대
붉은고추 · 풋고추 · · · · · · · · · 1개씩

된장물

된장 · 3큰술
고추장 · 다진 마늘 · · · · · · · 1큰술씩
생강즙 · · · · · · · · · · · · · · · · 1/2작은술
멸치육수 · · · · · · · · · · · · · · · · · · 2컵

이렇게 만드세요   조리시간 초보 **30**분 고수 **20**분

1 쇠고기는 한입 크기로 납작납작하게 썬 후 키친타월 위에 올려 핏물을 뺀다.

2 두부는 깍둑썰기한 후 키친타월에 올려 물기를 빼고, 버섯들은 먹기 좋은 크기로 썰거나 찢어놓는다.

3 호박도 깍둑썰기한다.

4 풋고추와 붉은고추는 동글동글하게 썬 다음 물에 담가 씨를 깨끗이 털어내고 대파는 어슷썬다.

5 된장물 재료를 모두 합해 고루 풀고, 뚝배기에 모든 재료와 된장물을 부어 끓인다.

6 된장찌개가 보글보글 끓으면서 떠오르는 거품은 숟가락으로 깨끗이 걷어낸다.

고수의 비밀 노트 **된장찌개의 핵심은 된장물 만들기**

가장 쉽게 만들 수 있는 찌개가 된장찌개라고 생각할 수 있지만, 맛있는 된장찌개는 쉽게 완성되지 않는다. 깔끔하면서도 깊은 맛을 내려면 된장물을 잘 만들어야 한다.

된장물을 만들 때는 된장과 고추장을 3:1 비율로 섞어야 칼칼한 맛과 구수한 맛이 조화를 이룬다. 된장과 고추장을 섞은 후에는 작은 체에 밭쳐 육수에 우려내야 한다. 이렇게 하면 된장 건더기가 걸러져 국물이 깔끔해지고 담백한 맛도 높아진다.

순두부찌개

우리나라 사람이라면 칼칼하면서도
시원한 찌개 맛에 반할 수밖에 없죠

주재료

바지락	100g
애호박	20g
멸치국물	1컵

부재료

순두부	1봉(300g)
다진 돼지고기	50g
다진마늘	1큰술
생강즙	1/2작은술
식용유	1큰술
고운고춧가루	1큰술
대파	1/3대
새우젓 · 멸치액젓	1/2큰술씩
풋고추	1개
붉은고추	1/2개
달걀	1개

이렇게 만드세요

조리시간 ⏰ 초보 **35**분 ⏰ 고수 **25**분

1 바지락은 바락바락 주물러 씻은 후 옅은 소금물에 담가 해감을 뺀다.

2 붉은고추와 풋고추는 송송 썰어 씨를 털어내고, 호박은 납작납작하게 썰어 준비한다. 대파는 송송썬다.

3 뜨겁게 달군 뚝배기에 돼지고기와 마늘, 생강즙을 넣어 달달 볶는다.

4 돼지고기 볶은 것에 액젓과 고춧가루를 넣어 비비듯이 볶아 매운양념을 만든다.

5 재료들이 잘 어우러져 매운양념이 완성되면 바지락과 호박을 넣고 멸치육수를 부어 끓인다.

6 바지락이 익어 입이 벌어지면 순두부를 큼직하게 떠서 넣고, 썰어둔 고추와 대파를 넣고 새우젓으로 간해 한소끔 더 끓인다. 상에 낼 때 달걀을 깨뜨려 올린다.

순두부찌개는 맑은 탕으로 먹기도 하지만 우리나라 사람들은 칼칼하고 매콤한 탕을 더 좋아한다. 매콤한 탕에는 깔끔한 재료를 넣어 시원한 맛을 내야 맛의 궁합을 맞출 수 있다.

순두부찌개에는 해물이 최고. 바지락이나 모시조개같이 시원한 맛을 내는 것이 가장 좋고, 오징어나 전복같이 씹는 맛을 가미할 수 있는 것도 좋다. 깊고 진한 맛을 내고자 한다면 사골육수를 국물로 사용하고, 매콤한 맛을 더하기 위해서는 매운양념을 볶을 때 고추기름을 넣으면 된다.

두부명란젓찌개

양념에 살짝 버무려 먹는 명란젓도 맛있지만 찌개로
만들면 씹히는 맛이 기가 막혀요

주재료
순두부 ·············· 1봉(300g)
명란젓 · 생새우 ········· 100g씩
쇠고기 ···················· 50g
애호박 · 무 ············· 70g씩
실파 ·················· 1/2줄기
멸치다시마육수 ············· 3컵

양념
멸치액젓 ·············· 1작은술
참기름 ··············· 1/2큰술
다진 마늘 ············· 1/2큰술
생강즙 ·············· 1/2작은술
새우젓 ··············· 1/2큰술
붉은고추채 ··········· 1/4개 분량

이렇게 만드세요

조리시간 ⏰ 초보 **30**분 ⏰ 고수 **20**분

1
명란젓은 한입 크기로
자르고, 순두부는
반으로 잘라놓는다.

2
쇠고기는 나붓나붓하게
썰어서 키친타월에
올려 핏물을 뺀다.

3
호박과 무는 납작하게
썰고, 실파는 송송 썰어
둔다.

4
달군 냄비에 참기름과
멸치액젓, 다진 마늘을
넣은 다음, 나박하게 썬
무와 쇠고기를 볶는다.

5
분량의 육수를 붓고
한소끔 끓이다 호박을
넣어 더 끓인다.

6
무가 익으면 두부와
명란, 생새우를 넣고
끓인 다음, 생강즙과
새우젓으로 간을 하고
실파와 고추채를 얹어
낸다.

고수의 비밀 노트 ## 새우젓과 생강즙으로 간하기

요리 간을 어떻게 맞추느냐에 따라 주부의 요리 실력이 가늠된다.
간을 맞출 때 간장이나 소금으로만 하는 경우가 많지만, 이렇게 하
면 뭔가 부족한 맛을 느끼게 된다.
　명란젓찌개처럼 해물이 들어가는 요리에는 새우젓과 생강즙으
로 간을 하자. 새우젓은 국물만 사용하지 말고, 건더기까지 함께
곱게 갈아 사용하면 감칠맛이 두 배가 된다. 새우젓은 미리 갈아 두
면 상할 수 있으므로, 신선함을 위해 요리 직전 먹을 만큼만 갈아
사용한다.

두부콩나물밥

다진 오이 넣은 양념장을 얹어 쓱싹쓱싹 비벼
먹으면 잃었던 입맛이 확 돌아오죠

주재료
두부·······················1/2모
쌀·물······················2컵씩
콩나물···················· 200g
돼지고기 다진 것(목살)·····200g

고기양념
간장·참기름···········1큰술씩
다진 파··················1큰술

다진 마늘·깨소금······1/2큰술씩
설탕·생강즙··········1작은술씩
후춧가루·····················약간

양념장
간장 ·················3큰술
매실청·참기름···········1큰술씩
깨소금·다진 마늘·······1큰술씩
송송 썬 실파·다진 오이··1/2컵씩
고추기름·굵은고춧가루··1큰술씩

이렇게 만드세요

조리시간 초보 **50**분   고수 **30**분

1
쌀은 깨끗이 씻어
30분간 불린 후 체에
건져 놓는다.

2
돼지고기는 분량의
고기양념으로 조물조물
무친다.

3
달군 냄비에 양념한
돼지고기를 젓가락으로
저어가며 완전히
익힌다.

4
볶은 고기에 불린 쌀을
넣고 참기름을 둘러
다시 한 번 볶는다.

5
밥물을 붓고 끓으면
불을 줄이고
깍둑썰기한 두부와
씻은 콩나물을 얹어
밥을 한다.

6
콩나물 익은 냄새가
나면 불을 끄고 5분간
뜸을 들인다. 오이는
껍질만 다져 양념장
재료와 섞어 양념장을
만들어 밥과 함께 낸다.

고수의 비밀 노트 ### 입맛 돋우는 덴 오이양념장이 으뜸!

비빔밥이나 콩나물밥처럼 양념장에 비벼 먹는 요리는 양념장을
어떻게 만드느냐가 상당히 중요하다. 보통 간장과 참기름, 깨소금
등으로만 맛을 내는 경우가 많지만, 몇 가지 요리 팁을 더하면 한층
맛있는 양념장을 만들 수 있다.

오이껍질을 다져 양념장에 넣으면 상큼한 향이 입맛을 돋운다. 무
순비빔밥이나 비빔국수처럼 상큼함을 살려야 하는 요리에 오이양
념장을 함께 내보자. 색다른 맛은 물론이고, 뒷맛도 깔끔해 인기 있
는 메뉴가 완성된다.

두부강정

속은 부드럽고 겉은 바삭하게 튀겨야
두부의 참맛을 살릴 수 있어요

주재료

두부	1모
소금	1작은술
후춧가루	약간
녹말가루	3큰술
마늘	100g
들기름	2큰술
샐러드채소	약간

강정양념

물	4큰술
고추장 · 케첩	1큰술씩
매실청	2큰술
맛술 · 꿀	1큰술씩
레몬즙 · 간장	1작은술씩

샐러드드레싱

참기름	1작은술
간장 · 식초	2큰술씩
양파 · 당근 간 것	2작은술씩
포도씨오일 · 매실청	2큰술씩

이렇게 만드세요

조리시간 ⏰ 초보 **50**분 ⏰ 고수 **35**분

1
두부는 한입크기로
깍둑썰기 한 다음
소금과 후춧가루로
밑간해 재워 둔다.

2
두부를 키친타월 위에
올려 물기가 빠지도록
한다.

3
물기를 뺀 두부에
녹말가루를 고루 묻혀
잠시 두었다 160℃의
기름에서 튀긴다.

4
잘 튀겨진 두부를
키친타월 위에 올려
기름을 뺀다. 그냥 두면
튀긴 두부가 눅눅해져
맛이 없어진다.

5
프라이팬에 들기름을
넉넉히 두르고
달궈지면 통마늘을
넣어 노릇할 정도로
볶는다.

6
둥근 중국팬에
강정양념을 합하여
끓이고 반 정도 졸면
볶은 마늘과
두부튀김을 섞어
버무린다.
샐러드드레싱을 만들어
샐러드와 같이
곁들인다.

고수의 비밀 노트 **비닐봉투에 넣어 녹말가루 입히기**

두부를 잘 튀기기 위해서는 소금과 후춧가루로 밑간을 한 후 물
기를 빼서 녹말가루를 고루 묻혀야 한다. 수분이 많은 두부에는 녹
말가루를 골고루 묻히기가 어렵다.

튀김가루나 녹말가루를 물에 풀어 튀김옷을 입히는 경우도 있으
나, 요리 고수가 아니면 깔끔하고 바삭하게 튀기기 어렵다. 이때는
비닐봉투 안에 녹말가루를 넣고 물기 뺀 두부를 넣어 잘 흔들어 주
면 된다. 이렇게 하면 녹말가루도 고루 묻고 질척한 느낌도 없어질
뿐만 아니라, 가루가 날리지 않아 주변도 깔끔해진다.

순두부황태탕

남편 속 든든하게 해주고 아이들 영양 고루
보충해주는 기특한 탕이죠

주재료

순두부	1봉(300g)
황태포	100g
무	250g
콩나물	100g
미나리	50g
대파	1대
새우젓	1과1/2큰술
후춧가루	약간

북어머리육수

북어머리	3개
다시마(사방10cm)	1개
물	10컵
마늘	3쪽
마른고추 · 생강	1개씩

양념

다진 마늘	1큰술
들기름	3큰술
멸치액젓	1큰술
생강즙	1/2작은술

이렇게 만드세요

 조리시간 초보 **35분**   고수 **25분**

1
물 10컵에 다시마를
넣고 우려낸 다음
다시마는 건지고
북어머리와 마른고추,
생강, 마늘을 넣고 푹
끓여 육수를 만든다.

2
황태포는 찬물에 살짝
담갔다가 꼭 짠 후 한입
크기로 자른다.

3
먹기 좋게 자른
황태포는 분량의 다진
마늘과 들기름,
멸치액젓, 생강즙을
더해 조물조물 무친다.

4
무는 감자 깎는 칼을
이용하여 비지듯이
얇게 썰어 준비한다.
콩나물과 미나리는
깨끗이 씻어 건지고
대파는 송송썬다.

5
냄비를 달궈 무와
황태포를 달달 볶는다.

6
무와 황태포가 볶아지면
북어머리육수를 부어
끓이다 콩나물과 대파를
넣고 새우젓과
후춧가루로 간을 한다.
그릇에 중탕한 순두부를
담고 그 위에 황태탕을
부은 다음 먹기좋게
자른 미나리를
얹어낸다.

고수의 비밀 노트 **순두부 안전하게 중탕하기**

순두부는 두부를 만드는 과정에서 콩의 단백질이 몽글몽글하게
응고되었을 때 압착하지 않고 그대로 먹는 것으로 부드럽고 담백한
맛이 일품이다.
순두부황태탕은 순두부를 뜨겁게 중탕한 후 구수하게 끓인 황태
탕을 부어 먹는 음식이다. 순두부를 뜨겁게 중탕할 때는 포장재째
로 냄비에 넣으면 온도에 의해 터질 염려가 있으므로 포장재를 완
전히 제거한 후 내열 그릇에 덜어 중탕하는 것이 좋다. 시간이 없을
때는 전자레인지를 이용해도 좋다.

두부된장덮밥

칼로리가 적어 다이어트식으로도,
식감이 부드러워 후반기 이유식으로도 안성맞춤이죠

주재료		된장소스	
		된장 · 식용유 ·········· 1/2컵씩	
두부 ····················· 1/2모		**볶음양념**	
닭가슴살 ················· 150g		다진 마늘 ·············· 1큰술	
양파 ····················· 400g		다진 생강 ············ 1/2작은술	
애호박 ··················· 150g		대파 ···················· 1/4대	
오이 ······················ 1개		식용유 ··················· 1큰술	
닭가슴살양념		**국물양념**	
소금 · 생강즙 ········· 1/2작은술씩		설탕 · 참기름 ··········· 1큰술씩	
청주 ···················· 1큰술		닭육수 ·················· 1/2컵	
후춧가루 ·················· 약간		녹말물 ··················· 1큰술	

이렇게 만드세요

조리시간 ⏰ 초보 **40**분 ⏰ 고수 **30**분

1
닭가슴살은 사방
1.5cm 크기로 썰어
닭가슴살 양념으로
재워 둔다.

2
두부와 양파, 애호박은
1.5cm 크기로
깍둑썰어 둔다.

3
오이는 껍질째 가늘게
채썰어 찬물에 담가
둔다.

4
된장과 식용유
1/2컵씩을 달군 팬에
넣어 약한 불에서 함께
볶아 된장소스를
만든다.

5
달군 팬에 식용유를
두르고 볶음양념을
넣어 볶다가 닭고기를
넣어 익히고, 나중에
양파와 애호박을 넣어
마저 볶는다.

6
채소가 익으면
된장소스와 설탕,
참기름을 넣어 볶다가
두부를 넣고 육수를
부어 끓인다. 끓으면
녹말물을 풀어 밥 위에
붓고 채썬 오이로
장식한다.

고수의 비밀 노트 **부드러운 요리엔 생식용 두부가 적합**

요즘은 두부도 다양하게 출시되고 있다. 부침용 두부를 비롯하여
국 · 찌개 전용, 생식용 두부, 순두부 등 용도에 따라 세분화되었고,
유기농 두부와 일반 두부 등 제조과정에서 차별을 둔 제품들이 많
이 출시되었다.

이렇게 다양한 두부가 출시된 만큼 두부요리에도 제각각 어울리
는 제품을 사용해야 더욱 맛있는 요리를 만들 수 있다. 두부된장덮
밥처럼 밥과 함께 부드럽게 비벼 먹을 수 있는 요리에는 단단한 부
침용보다는 국 · 찌개 전용이나 생식용 두부가 적당하다.

연두부달걀찜

반찬 걱정을 덜어 주는 달걀찜. 연두부를 넣어
더욱 부드럽게 즐겨 보세요

주재료

연두부 ····················1/2모
달걀 ·······················4개
북어머리육수 ·················2컵
멸치액젓 · 청주 ··········1큰술씩
소금 · 붉은고추채 ·········약간씩
송송 썬 실파 ················2큰술

이렇게 만드세요 `조리시간` ⏰ 초보 **15**분　⏰ 고수 **10**분

1 달걀은 곱게 풀고 위에 떠오른
거품은 제거한다.

2 달걀에 멸치액젓과 소금으로 간을
하고 북어머리육수를 부어 잘 섞은
다음 체에 내린다.

3 찜 그릇에 달걀물을 담고, 송송 썬
실파와 붉은고추채를 얹는다.

4 김이 오른 찜통에 달걀그릇을
올리고 연두부를 얹어 찐다.

고수의 비밀 노트 멸치액젓과 북어머리육수로 맛내기
　달걀찜을 맛있게 하기 위해서는 달걀끈과 거품을 제거하는 것이 가장 중요하다. 또한, 북어머리육수를 섞어 찜을 하면 깔끔하고 부드러운 맛을 낼 수 있
다. 북어머리육수가 없는 경우엔 다시마를 우려낸 다시마육수를 섞어도 좋다. 간을 할 때는 소금간을 하는 것이 보통이지만 멸치액젓을 넣으면 훨씬 감칠
맛이 살고 달걀 맛과도 잘 어울린다.

시금치두부무침

누구나 간단하게 만들 수 있어 좋고, 담백한 맛은
고향 생각나게 만들어요

주재료
두부 · 1/2모
시금치 · · · · · · · · · · · · · · · · · · · 300g

무침양념
다진 파 · 매실청 · · · · · · · · · 2큰술씩
다진 마늘 · · · · · · · · · · · · · · · · 1큰술
들깨가루 · 들기름 · · · · · · · · 2큰술씩
소금 · 2작은술

이렇게 만드세요 [조리시간] 초보 **25분** 고수 **10분**

1
시금치는 깨끗이 다듬어 씻고 칼로
뿌리 쪽을 반 갈라 준비한다.

2
냄비에 물을 넣어 끓이다 소금을
넣는다.

3
끓는 소금물에 시금치를 넣어
파랗게 데친 후, 건져서 물기를 꼭
짜고 3cm 길이로 자른다.

4
두부는 물기를 없앤 후 체에 곱게
내린다. 체에 내린 두부와 분량의
양념장 재료를 합해 시금치와 함께
무친다.

고수의 비밀 노트 **시금치 뿌리는 반 갈라 데치기**
　시금치는 살짝 데쳐 무치는 것이 중요하다. 시금치무침 하면 시금치를 데쳐 소금과 다진 마늘로 조물조물 무치는 것이 대부분이지만, 으깬 두부를 넣으
면 훨씬 부드럽고 고소한 반찬이 만들어진다. 시금치를 데칠 때는 뿌리 부분이 두꺼우므로 뿌리 쪽을 칼로 반 갈라 데치면 잎 부분과 같은 정도로 데칠 수
있다.

두부빈대떡

냉장고 속 재료를 맘껏 이용해 만들 수 있는
영양 반찬으로 한입에 쏙~

주재료
두부·····················1/2모
달걀 ·····················3개
당근 · 쪽파·············20g씩
표고버섯 불린 것 ···········50g
팽이버섯 · 미나리 ·········30g씩
양파 · 숙주 ············· 50g씩
식용유·····················약간

양념
다진 마늘 · 참치액젓   1/2큰술씩
소금 · 흰후춧가루 ·········약간씩
생강즙 ··············· 1/3작은술
청주 ·····················1/2큰술

이렇게 만드세요 조리시간 초보 **35**분   고수 **25**분

1
두부는 체에 곱게 내린 다음
키친타월에 올려 물기를 뺀다.

2
당근과 쪽파, 표고버섯, 팽이버섯,
미나리, 양파는 모두 굵게 다진다.
달걀은 곱게 풀어 놓는다.

3
숙주는 머리와 꼬리를 다듬어 떼고
굵게 다져 놓는다.

4
두부와 채소를 합한 후 달걀물로
농도를 맞추고 다진 마늘,
참치액젓, 소금, 흰후춧가루,
생강즙, 청주로 간한다. 달군 팬에
반죽을 동그랗게 놓아 지진다.

고수의 비밀 노트 **냉장고 속 재료 모두 활용하기**

모든 빈대떡에는 들어가는 재료가 꼭 정해져 있지 않은 것처럼, 두부빈대떡 역시 다양한 재료를 넣어 만들 수 있다. 냉장고에 조금씩 남은 채소 몇 가지
만 있어도 충분히 맛있는 빈대떡을 만들 수 있다. 참치 캔이나 생선 으깬 것이 있다면 두부와 섞어 빈대떡으로 만들어 보자. 식감이 부드럽고 고소해 아이
들이 밥상 앞으로 먼저 다가온다.

두부된장쌈장

싱싱한 쌈 채소와 제대로 맛을 낸 쌈장 하나만
있어도 반찬 걱정 없어져요

주재료

두부·······················1/4모
된장 ·····················4큰술
고추장·매실청 ··········1큰술씩
양파························ 50g
다진 파·깨소금 ········ 1큰술씩
다진 마늘 ···············1/2큰술
생강즙·················1/3작은술
들기름·참기름········1/2큰술씩

이렇게 만드세요  조리시간 초보 **20**분 고수 **15**분

1
된장과 고추장, 매실청은 그릇에
넣어 고루 섞고, 두부는 물기를 뺀
후 체에 곱게 내려놓는다.

2
양파는 곱게 다져 준비한다.

3
팬을 달궈 들기름을 두르고 다진
양파를 볶다가 된장과 고추장,
매실청 합한 것을 넣어 달달
볶는다.

4
다진 파와 다진 마늘, 생강즙을
넣고 마저 볶다가 두부를 섞고
참기름, 깨소금을 넣어 마무리한다.

고수의 비밀 노트 **비벼 먹어도 좋은 두부쌈장**

시판 쌈장도 많지만, 집에서 여러 가지 재료를 넣어 만드는 쌈장만큼 맛있는 것은 없다. 두부를 으깨 된장, 고추장과 섞으면 맛이 부드럽고 고소해져 누
구나 편하게 쌈 요리를 즐길 수 있다. 쌈 요리뿐 아니라 채소를 잘게 썰어 뜨거운 밥과 함께 비벼 먹어도 좋다. 바쁠 때는 시판 쌈장에 으깬 두부만 넣어 만
들어도 색다른 쌈장이 만들어진다.

두부선

다진 수삼이 들어간 드레싱을 곁들이면
깊고 은은한 맛과 향에 흠뻑 빠져요

주재료
두부 ······························1모
닭고기 ···························100g
표고버섯 불린 것 ···········40g
쪽파 ·····························약간

두부양념
매실청 ·····················1작은술
다진 파 ·····················1큰술
다진 마늘 ···············1/2큰술씩
참기름 · 깨소금 ········1작은술씩
후춧가루 ····················약간
소금 · 간장 ············1/2작은술씩

고기양념
소금 ·······················1/2작은술
매실청 · 다진 마늘······1작은술씩
다진 파 ·····················1/2큰술
참기름 · 깨소금 ········1작은술씩
후춧가루 · 생강즙 ·········약간씩

드레싱
간장 · 잣가루 ············2큰술씩
매실청 ·······················3큰술
화이트와인 · 씨겨자······1큰술씩
꿀 ···························1작은술
수삼 다진 것 ················10g
참기름 ·················1/2작은술

이렇게 만드세요

 조리시간 초보 **40**분 고수 **30**분

1
두부는 거즈에 감싸
물기를 꼭 짠 후 체에
밭쳐 곱게 으깨고
두부양념으로
버무린다.

2
닭고기는 다지고
표고버섯은 채썰어
고기양념 재료와
합하여 버무린다.

3
양념한 두부와 닭고기,
표고버섯을 모두 합해
곱게 치댄다.

4
김발 위에 쿠킹호일을
깔고 반죽을 편 후
쪽파를 올리고 김밥
말듯이 만다.

5
내용물이 든
쿠킹호일을 소시지
모양으로 단단하게
말아 둔다.

6
김이 오른 찜통에 ⑤를
얹어 10~15분 정도
쪄서 적당히 썬다.
드레싱은 재료를 모두
합해 두었다가 상에 낼
때 뿌린다.

고수의 비밀 노트
쿠킹호일로 두부선 모양내기

두부선은 으깬 두부를 김밥처럼 말아 찜통에 찐 요리이다. 닭고
기와 채소, 두부를 모두 합해 여러 번 치대야 반죽 말기가 좋아진다.
반죽을 말 때는 김발 위에 쿠킹호일을 깔고 참기름을 바른 후 반죽
을 납작하게 펴면 된다. 말기 직전, 쪽파나 마늘종, 아스파라거스 등
의 녹색 줄기 채소를 넣으면 맛도 좋고 색도 예쁘다.

반죽을 넣어 돌돌 만 쿠킹호일은 양끝을 오므려 소시지 모양이 되
도록 한다. 이렇게 하면 두부선이 단단해져 썰 때 으깨지지 않고 모
양도 반듯하게 나온다.

두부장산적

고기로만 만든 산적보다 훨씬 부드럽고 고소해서
자꾸 손이 가요

주재료
두부 ···························· 1/2모
다진쇠고기 ················· 200g

두부양념
다진 파 · 참기름 ·········· 1큰술씩
다진 마늘 ··················· 1/2큰술
소금 · 후춧가루 ·········· 약간씩

쇠고기양념
간장 · 참기름 ·············· 1큰술씩
다진 마늘 · 설탕 ········· 1/2큰술씩
다진 파 ······················· 1큰술
후춧가루 ······················· 약간

장산적양념장
간장 ·························· 2큰술
배즙 ·························· 1/2컵
올리고당 ··················· 1큰술
후춧가루 ···················· 약간
참기름 · 꿀 ············· 1/2큰술씩

이렇게 만드세요   조리시간 ⏰ 초보 **40분** ⏰ 고수 **30분**

1 두부는 체에 올려
숟가락 등을 이용해
곱게 으깬다.

2 으깬 두부는
키친타월에 올려
물기를 빼고 분량의
두부양념으로 고루
무친다.

3 다진 쇠고기는 핏물을
뺀 후 분량의
쇠고기양념으로 무쳐
곱게 치댄다.

4 두부와 쇠고기를 합해
차지게 치댄 후 납작한
원형 혹은 사각형
모양으로 빚어 놓는다.

5 팬을 달궈 빚은 반죽이
속까지 익도록 구워
장산적양념장에 넣어
양념이 배도록 조린다.

6 뜨거운 김이 한 번
나가면 칼을 지그시
누르면서 먹기 좋은
크기로 자른다.

고수의 비밀 노트 **두부산적의 두께는 0.7~1cm가 적당**

두부장산적은 두부섭산적에 양념장을 더해 조린 음식이다. 두부
섭산적으로 만들어도 좋지만, 양념장을 더해 조리면 맛깔나는 반찬
은 물론 술안주로도 안성맞춤이다.
두부산적을 만들 때는 두께가 0.7~1cm 정도 되게 한다. 너무
두꺼우면 겉은 타고 속이 익지 않기 때문이다. 반대기를 만들 때는
기름종이를 밑에 깔고 해야 반죽이 잘 떨어진다. 반죽이 되고 차지
기 때문에 일반 도마나 조리대 위에서 그냥 하면 잘 떨어지지 않아
모양이 금세 망가진다.

두부쇠고기장조림

밑반찬의 대명사 장조림. 이제 두부를 넣어
새로운 맛에 도전해보세요

주재료

두부	1모
쇠고기(양지)	600g
꽈리고추	200g
생수	8컵

육수

생수	9컵
마른고추	2개
통후추	1작은술
마늘	30g
생강	10g
양파	100g

부재료

배즙 · 간장	1컵씩
마늘	100g
생강	10g

이렇게 만드세요

조리시간 ⏰ 초보 **1**시간 **20**분 ⏰ 고수 **1**시간

1
냄비에 생수 8컵과
3~4등분한 양지를
넣어 데치듯이 삶는다.

2
데친 양지에 생수
9컵을 다시 붓고
육수재료를 모두 넣어
국물이 2/3가 될
때까지 끓인 후, 면보에
밭쳐 고기와 육수를
분리한다.

3
6컵이 된 육수에 간장,
배즙, 마늘, 생강,
알맞게 찢은 고기를
넣어 국물이 반 정도가
될 때까지 끓인다.

4
두부는 부침용으로
준비해 깍둑썰기한 후
키친타월에 올려
물기를 뺀다.

5
꽈리고추는 깨끗이
씻어 물기를 뺀 후
이쑤시개 등으로
구멍을 내 간장이 잘
스며들 수 있도록 한다.

6
③의 조림국물에
두부와 꽈리고추를
넣고 한 번 더 끓인다.

고수의 비밀 노트 ### 육수는 면보에 밭쳐 깨끗하게!

끓는 물에 양지를 데쳐낸 다음, 그 물은 버리고 다시 9컵의 생수
와 향신재료, 데친 쇠고기를 넣고 조린다. 이때 국물이 너무 적어졌
으면 물이나 육수를 더 부어 6컵 분량을 맞춰야 한다.
  그 다음 고기와 향신채를 면보에 밭쳐 맑은 육수를 받아내야 한
다. 면보에 밭치지 않고 대충 우려내 국물을 만들면 장조림을 만든
후 장조림 국물이 텁텁해지고 지저분해진다. 면보가 없다면 기름종
이를 이용해도 좋다.

두부크로켓과 두부드레싱

검은깨 연두부를 이용해 드레싱을 만들어 보세요.
튀김 요리를 깔끔하게 즐길 수 있어요

주재료
두부······················1/2모
감자······················300g
참치통조림·················1통
양파······················1/2개
파마산치즈·················3큰술
넛맥·후춧가루···········약간씩
달걀······················3개

튀김옷
밀가루·····················약간
빵가루·····················1컵
소금·······················1큰술

오이마리네이드
오이·······················1개
설탕·식초··············1큰술씩
소금·······················1작은술

두부드레싱
검은깨 연두부(작은 것)·······1통
소금·······················1작은술
우유·······················1/3컵
검은깨·씨겨자·메이플시럽··1큰술씩

이렇게 만드세요
조리시간 ⏰ 초보 **50분** ⏰ 고수 **35분**

1 감자는 껍질째 삶은 후 껍질을 벗기고 곱게 으깬다.

2 참치는 체에 밭쳐 기름을 빼고, 두부는 체에 내린 다음 키친타월에 올려 물기를 뺀다.

3 양파는 잘게 썰고 오이는 잘게 깍둑썰기 한 후 설탕, 식초, 소금을 넣어 마리네이드한다.

4 파마산치즈는 곱게 간다.

5 달걀 1개와 주재료를 모두 섞어 치댄 후 먹기 좋은 크기로 동그랗게 빚는다.

6 빚어놓은 반죽에 밀가루, 달걀, 빵가루를 입혀 170℃의 기름에서 튀긴다. 드레싱 재료는 모두 합해 곱게 간 후 씨겨자를 넣어 맛을 내 크로켓에 곁들인다.

고수의 비밀 노트 빵가루에 물 뿌리기

튀김 재료에 빵가루를 묻힐 때는 생빵가루를 쓰는 것이 가장 좋다. 식빵을 살짝 얼려 강판에 갈면 고운 생빵가루를 얻을 수 있다. 하지만 대부분의 가정에서는 시판용 마른 빵가루를 쓰는 것이 보통. 이때는 마른 빵가루에 물을 뿌려서 약간 축축할 정도로 만드는 것이 좋다. 이렇게 만든 빵가루로 튀김옷을 입히면 수분이 어느 정도 함유되어 바삭하면서도 부드러운 맛을 낼 수 있고, 튀길 때 기름도 덜 흡수하게 된다.

두부전골

정성스레 모양낸 두부전과 각종 채소, 버섯을
고루 넣어 솜씨 자랑해보세요

주재료

두부	1/2모
쇠고기	150g
불린 표고버섯	50g
다진 쇠고기	50g
미나리 · 양파	50g씩
무 · 숙주	100g씩
당근	70g
실파	40g
양지머리육수	3컵

고기양념

진간장 · 다진 파	2큰술씩
설탕 · 다진 마늘	1큰술씩
참기름 · 깨소금	1큰술씩
후춧가루	약간

부재료

청포녹말가루	2큰술
소금 · 후춧가루 · 참기름	약간씩

이렇게 만드세요

조리시간 ⏰ 초보 **50분** ⏰ 고수 **35분**

1
두부는 길이 3cm, 폭
2.5cm, 두께 0.7cm
크기로 썰어
후춧가루와 소금을
뿌렸다가 물기를 닦은
후 녹말가루를 고루
묻힌다.

2
프라이팬을 달궈
두부를 앞뒤로
뒤집어가며 노릇하게
굽는다.

3
쇠고기와 불린
표고버섯은 채썰고,
고기양념은 분량대로
섞어 양념장을 만든다.
채썬 고기와 표고버섯,
다진 고기에 각각 따로
양념장을 넣어
양념한다.

4
무와 당근, 양파는
채썰고, 깨끗하게
다듬은 숙주는 끓는
물에 소금을 약간 넣고
데쳐 참기름, 소금,
후춧가루로 밑간한다.
실파는 5cm 길이로
썬다.

5
미나리는 끓는 물을
부어 살짝 데친 후
물기를 빼놓는다.

6
두부와 양념한 다진
쇠고기 샌드를
미나리로 묶고, 준비한
채소, 고기, 육수를
넣어 끓이면서 간을
맞춘다.

고수의 비밀 노트
전골 모양낼 때는 두부 샌드가 최고!

두부전골에 넣는 두부는 탐스럽게 모양을 내고 양념한 다진 쇠고
기를 샌드하면 더욱 먹음직스러워진다. 특히 손님상에 내는 전골이
라면 맛도 중요하지만 모양에도 신경을 써야 한다.

두부를 구워 모양을 단단하게 잡은 후 다진 쇠고기를 샌드하면 된
다. 다진 쇠고기는 전골이 끓으면서 빠져나오지 않도록 여러 번 치
댄 후 두부 위에 올린다. 또한 너무 두껍지 않게 샌드해야 간도 고루
스며들고 먹기도 편하다. 두부 묶는 데 쓰이는 미나리는 끓는 물에
오랫동안 데치지 말고 끓는 물을 부어 살짝만 데친다.

두부소박이

정성이 깃들고 손이 많이 가는 음식이라
식탁의 격을 높여주지요

주재료
두부 ······························1모
쇠고기 · 불린 표고버섯 ····50g씩
들기름 ·····················2큰술

쇠고기양념
간장 · 다진 파 ·········1/2큰술씩
다진 마늘 · 깨소금······1작은술씩
설탕 · 참기름 ···········1작은술씩
후춧가루 ····················약간

조림장
간장 · 마늘채 ············1큰술씩
생강즙 ················1/2작은술
매실청 ·····················2큰술
북어머리육수·················1/2컵
참기름 ····················1작은술

고명
송송 썬 실파 ···············1큰술
붉은고추 · 풋고추·········약간씩
통깨 ······················1작은술

이렇게 만드세요

조리시간 초보 45분 고수 35분

1 두부는 키친타월에 올려 물기를 뺀다.

2 물기를 뺀 두부를 도톰하게 썬 다음, 한쪽 면에 칼집을 넣어 주머니 모양을 만든다.

3 들기름을 넣은 프라이팬에 두부를 앞뒤로 노릇하게 지진다.

4 쇠고기와 표고버섯은 다진 다음, 고기양념을 넣어 한꺼번에 조물조물 무친다.

5 지져낸 두부의 칼집 사이로 양념한 ④를 젓가락을 이용해 모양 있게 넣는다.

6 넓은 팬에 조림장을 만들어 넣고 두부소박이를 조린 후, 송송 썬 고추와 실파를 얹고 통깨를 뿌려 낸다.

고수의 비밀 노트 ## 두부소박이 조릴 때는 은근하게

여러 가지 채소와 버섯을 넣은 두부소박이는 스님들이 먹던 별식
에서 비롯되었다. 두부소박이 안에 들어가는 재료는 가늘게 채썰어
야 두부 속에 넣기가 좋고, 나중에 빠져나오지 않아 깔끔한 요리를
완성할 수 있다.

조림장에서 조릴 때 자주 뒤집거나 자리를 바꾸면 두부가 부서지
고 모양이 망가질 수 있으므로 어느 정도 익었을 때 조심스럽게 뒤
집어야 한다. 또한 조림장은 쉽게 탈 수 있으므로 주의한다.

굴두부조치

개운하고 부담없어 아침상에 올리기 딱이죠.
굴이 더해져 깊고 구수한 맛을 느낄 수 있어요

주재료

순두부	1봉(300g)
굴	200g
쇠고기	100g
무	150g
대파	1/2대
팽이버섯	1/2봉
미나리	20g
붉은고추	2개
쑥갓	3줄기
북어머리육수	4컵
마른고추	1개

양념

다진 마늘 · 참기름	1큰술씩
생강즙	1작은술
참치액 · 새우젓	1큰술씩

이렇게 만드세요

조리시간 초보 **35분**　고수 **25분**

1 굴은 제물에 깨끗이 씻은 후 체에 밭쳐 건져 놓는다.

2 쇠고기는 납작하게 썰어 핏물을 빼고 무는 납작납작하게 썬다.

3 대파는 어슷하게 썰고, 팽이버섯은 밑동을 자른 후 가닥가닥 떼어 놓는다.

4 미나리는 3~4cm 길이로 썰고, 쑥갓은 맨 위 고갱이로만 손질해 준비한다. 붉은고추는 가늘게 채썬다.

5 냄비에 참기름을 두르고 쇠고기와 마늘, 무, 참치액, 생강즙을 넣고 볶은 후 북어머리육수와 마른고추를 넣어 끓인다.

6 육수를 끓이다가 대파, 새우젓을 넣어 간을 맞추고 순두부와 굴을 넣은 후 마지막에 팽이버섯과 쑥갓을 얹어 완성한다.

고수의 비밀 노트 — 순두부 모양 있게 자르기

대부분의 순두부는 길쭉한 포장재 안에 담겨 있는데, 순두부를 모양 있게 꺼내기 위해서는 포장째 가운데를 칼로 잘라 꺼낸 다음 1큰술 이상씩 떠 넣는다. 너무 잘게 쪼개면 국이나 찌개가 지저분해지고 맛도 텁텁해질 수 있으므로 주의한다.

순두부는 해물과 잘 어울리는데, 그중에서도 굴은 담백한 맛과 특유의 향이 있어 순두부와 훌륭한 조화를 이룬다. 굴은 오래 익히면 질겨지고 맛이 없어지므로 마지막에 넣어 재빨리 익히는 것이 좋다.

두부양념조림

제대로 된 양념 비율만 알면
언제나 맛있게 만들 수 있어요

주재료
두부 ························1모
쇠고기 다진 것 ···········50g
들기름 ·················적당량

쇠고기양념
간장 · 다진 파 ·······1작은술씩
설탕 · 참기름 ······1/2작은술씩
후춧가루 ················약간

깨소금 · 다진 마늘 ···1/2작은술씩
양념장
간장 · 매실청 ·········1큰술씩
다진 파 ···············2큰술
다진 마늘 ············1/2큰술
후춧가루 ················약간
참기름 · 깨소금 ········1큰술씩
육수 ··················1/2컵

이렇게 만드세요 `조리시간` ⏰ 초보 **30분** ⏰ 고수 **25분**

1 두부는 큼직하게 썰어 물기를 뺀 후 후춧가루를 뿌리고, 들기름을 두른 팬에서 노릇하게 부친다.

2 쇠고기는 분량의 쇠고기양념으로 조물조물 무쳐 볶는다.

3 쇠고기볶음에 양념장 재료를 모두 합해 끓인다.

4 두부 위에 양념장을 끼얹으면서 국물이 자박해질 정도로 조린다.

고수의 비밀 노트 ### 두부는 한 켜로 조리기

두부양념조림은 가정에서 쉽게 해먹는 반찬 중 하나다. 하지만 두부에 간이 덜 배거나 두부 바닥이 타는 경우가 생기곤 한다. 두부에 양념장 간이 잘 배게 하기 위해서는 먼저 두부의 물기를 빼는 것이 중요하다. 두부에 함유된 수분막을 제거해야 양념장이 고루 스며들기 때문. 또, 두부를 겹겹이 쌓아 조리면 뒤집기도 쉽지 않고 양념장이 바닥 쪽에만 퍼지므로 두부를 조릴 때는 넓은 프라이팬에 한 켜로만 놓아 조리는 것이 좋다.

두부토마토샐러드

말캉하게 씹히는 연두부와 살짝 익힌 토마토는
맛과 영양 모두 환상 궁합이에요

주재료

연두부	1모	오렌지즙	1/4컵
방울토마토	500g	식초	1/2컵
양파	100g	포도씨오일	1큰술
홍피망 · 청피망	1/4개씩	매실청	2큰술

샐러드드레싱

양파	00g	설탕	1큰술
파인애플 다진 것	1/2컵	레몬즙	1큰술
		소금	1작은술

이렇게 만드세요 조리시간   초보 **35**분   고수 **25**분

1
연두부는 먹기 좋은 크기로
깍둑썰기한다.

2
토마토는 꼭지를 떼고 칼집을 넣어
끓는 물에 데친 다음 껍질을
벗긴다.

3
양파와 피망은 굵직하게 채썬다.

4
분량의 드레싱 재료를 모두 섞은
다음, 그릇에 방울토마토와 두부,
피망, 양파, 샐러드드레싱을 넣어
잠시 재워 둔다.

고수의 비밀 노트 **영양을 위해선 데친 토마토를 선택!**
토마토는 한입에 먹을 수 있도록 방울토마토로 준비하는 것이 좋다. 방울토마토 역시 알이 너무 크지 않은 것으로 준비해 살짝 데쳐 놓는다. 생토마토가
아닌 데친 토마토를 사용하는 이유는 영양도 높아지고 드레싱 재료가 잘 스며들어 샐러드의 새콤달콤한 맛을 잘 살릴 수 있기 때문이다. 연두부는 아침 생
식용 두부를 사용해도 무방하다.

3

가족의 지친 몸 깨우는

홍.신.애.의.

생선
반찬

생선에는 양질의 단백질이 풍부하며 콜레스테롤치를 낮추고 혈전예방 효과가 큰
EPA, 지능개발과 치매에 좋은 DHA가 풍부하다. 생선은 조리방법에 따라
영양효과도 달라지고 맛도 차이가 나므로 제철에 나는 싱싱한 생선을 사다가
궁합맞는 채소와 함께 굽고, 조리고, 끓여서 가족의 건강과 입맛을 찾아주자.
특히 성장기 어린이가 있거나 치매가 걱정되는 어른을 모신 가정이라면 생선요리를
단골메뉴로 삼길 권한다.

마늘간장소스 갈치조림

제철 만난 갈치에 구운 마늘을 곁들여
온 가족 에너지를 충전하세요

주재료

갈치	1마리
감자	1개
당근	1/2개
양파	1개
생강	1톨
마늘	8쪽

조림양념

간장	6큰술
설탕	3큰술
청주	3큰술
다진 마늘	1큰술
다진 생강	1/2작은술
후춧가루	약간
포도씨유	약간
물	1/2컵

이렇게 만드세요   조리시간   초보 40분   고수 30분

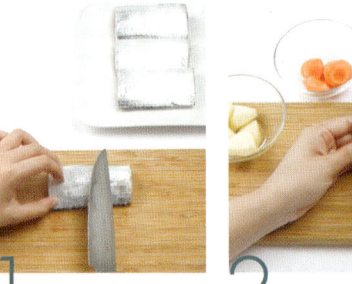

1 갈치는 토막내어 비늘을 긁어내고 내장을 꺼낸 다음 흐르는 물에 씻는다.

2 감자와 당근, 생강은 껍질을 벗겨 2×2cm 크기로 자른 다음, 모서리를 둥글게 다듬는다.

3 양파는 4등분하고, 마늘은 껍질을 벗겨 흐르는 물에 씻는다.

4 분량의 조림 양념을 섞어 공기 중에서 숙성시킨다.

5 냄비에 양파와 마늘, 생강을 깔고 갈치를 얹은 다음 ②의 감자와 당근을 넣고 조림 양념을 끼얹어 중불로 5분간 끓인다.

6 불을 줄이고 조림 양념을 끼얹어 가며 감자와 당근이 익을 정도로 10분간 바글바글 조린다.

고수의 비밀 노트

생선 비린내 말끔히 없애기

갈치, 고등어, 꽁치 등 생선을 이용해 요리를 할 때 가장 신경 써야 할 것이 비린내 제거다. 물이 닿으면 비린내가 심해지므로 손질할 때 최소한의 물만 사용해야 한다. 조림을 할 때는 양념장에 청주와 포도씨유, 생강이나 생강즙을 넣으면 생선 비린내를 잡을 수 있다.
구이를 할 때는 식초를 몇 방울 떨어뜨리거나 녹차가루를 넣어도 좋다. 식초나 녹차가루는 비린내를 없애 줄 뿐만 아니라 생선살을 단단하게 만들어 요리가 흐트러지지 않고 뼈가 연해져 더 맛있다.

오렌지소스 가자미 스테이크

상큼한 향과 달콤한 맛으로 아이와 남편
입맛을 사로잡아요

주재료

가자미	2마리
소금	약간
후춧가루	약간
버터	1큰술
소다	1작은술
포도씨유	1큰술

오렌지소스

오렌지	1개
설탕	2큰술
화이트와인	2큰술
식초	1큰술
생강즙	1큰술
소금	약간
녹말물	1큰술

이렇게 만드세요   조리시간   ⏰ 초보 **30분**   ⏰ 고수 **20분**

1
가자미는 머리를
자르고 내장과 비늘,
지느러미를 손질하고
소금과 후춧가루로
밑간한다.

2
오렌지는 끓는 물에
담갔다 뺀 후 소다로
문질러 닦는다.

3
오렌지의 노란 껍질
부분만 감자 깎는 칼로
벗겨내 채를 썰고,
나머지는 반으로 잘라
즙을 낸다.

4
달군 팬에 버터를
두르고 밑간한
가자미를 앞뒤로
노릇하게 굽는다.

5
가자미를 꺼낸 다음,
팬에 포도씨유와
오렌지 껍질을 넣어
살짝 볶는다.

6
⑤에 오렌지소스
재료와 ③의 오렌지
즙을 4큰술 넣고
끓이다 녹말물을 부어
소스를 완성해 가자미
위에 끼얹어 낸다.

고수의 비밀 노트

오렌지 없이 오렌지소스 만들기

가자미 같은 흰살 생선의 고소하고 담백한 맛은 오렌지처럼 달고 상큼
한 맛과 잘 어울린다. 오렌지를 껍질째 요리할 때는 끓는 물에 살짝 담
갔다 꺼내 소다로 문질러 씻어 코팅된 왁스를 제거한다.
만약 오렌지를 구할 수 없다면 상큼한 맛을 낼 수 있는 귤이나 자몽 등
을 써도 되고, 과일 대신 오렌지 주스나 오렌지 마멀레이드를 이용해도
좋다. 오렌지 마멀레이드로 만든 소스는 일주일 정도 냉장 보관 가능한
데, 이때 생강즙은 먹기 직전에 넣어야 한다.

발사믹소스 연어 구이

DHA와 오메가-3가 풍부한 연어로 만든
아이들 두뇌 건강식이에요

재료		
올리브유	2큰술	
포도씨유	적당량	
호박	1/4개	
당근	1/8개	
아스파라거스	4대	

주재료

연어(스테이크용)	600g
소금	약간
후춧가루	약간
화이트와인	2큰술

발사믹소스

치킨브로스	1/2컵
레몬	1/2개
발사믹식초	3큰술
흑설탕	1큰술
녹말물	2큰술

이렇게 만드세요

조리시간 초보 **30분** 고수 **25분**

1 연어는 소금과 후춧가루, 화이트 와인을 뿌려 밑간을 하고 올리브유를 발라 달군 팬에 포도씨유를 두르고 노릇하게 구워 낸다.

2 레몬은 껍질을 얇게 벗겨 전자레인지에 껍질만 넣고 1분 정도 돌려 말리고, 레몬 속은 반으로 잘라 즙을 낸다.

3 연어를 구운 팬에 기름을 두르고 ②의 레몬 껍질을 볶다가 레몬즙 1큰술, 발사믹식초, 치킨브로스를 넣어 끓인다.

4 ③이 끓으면 흑설탕을 넣고 다 녹으면 녹말물을 넣어 걸쭉하게 끓인다.

5 소스가 윤이 나게 끓으면 연어를 넣고 살짝 굴려 소스를 묻혀 접시에 담는다.

6 호박과 당근, 아스파라거스 등을 먹기 좋은 크기로 썰어 ⑤의 소스로 볶아 곁들여 낸다.

연어의 담백한 맛 살리기

연어는 오메가-3와 DHA가 풍부하게 함유되어 아이들 건강식으로 좋다. 연어는 겉면에 묻어 있는 기름을 종이타월로 말끔히 닦은 뒤 조리해야 기름지지 않고 담백한 맛을 즐길 수 있다.
조리할 때 와인, 허브, 발사믹식초 등을 곁들이면 연어 특유의 비린내를 줄일 수 있다. 시중에 판매되는 연어의 종류는 크게 4가지. 스테이크용으로는 말발굽처럼 생긴 것과 껍질째 덩어리로 된 것이 있고, 구이용으로 적당한 필레, 샐러드용으로 이용하는 훈제 연어가 있다.

꽁치 부추 말이

고단백 꽁치와 영양 가득한 부추가 조화를
이룬 찰떡궁합 영양 반찬이에요

주재료		튀김옷	
꽁치	2마리	밀가루	약간
청주	1/2컵	달걀	1개
부추	1/3단	빵가루	약간
양파	1/2개	**소스**	
소금	약간	돈가스 소스	2큰술
후춧가루	약간	연겨자	약간
밀가루	2큰술	레몬즙	1작은술
튀김기름	적당량		

이렇게 만드세요 조리시간 🕐 초보 **45**분 🕐 고수 **30**분

1
꽁치는 머리를 떼고
흐르는 물에 씻어
2면으로 포를 뜬 다음
핀셋으로 뼈를 모두
발라낸다.

2
꽁치 안쪽을 청주로
씻은 뒤 소금과
후춧가루로 밑간을 해
밀가루를 묻힌다.

3
양파는 얇게 채썰고,
부추는 5cm 길이로
썰어 놓고 달걀을 풀어
놓는다.

4
②의 꽁치를 잘 펴서
부추와 양파를 넣고
돌돌 말아 준다.

5
밀가루, 달걀, 빵가루
순으로 튀김옷을 입혀
180℃ 끓는 기름에
노릇하게 튀긴다.

6
돈가스 소스에
연겨자를 풀고
레몬즙을 넣어 소스를
만들어 함께 낸다.

고수의 비밀 노트

건강한 튀김 만드는 노하우

칼로리가 높고 트랜스 지방의 위험 때문에 먹기가 부담스러운 튀김을
건강하게 먹기 위해선 올바른 튀김법을 알아야 한다. 튀김용 기름으로
는 올리브유보다 포도씨유가 좋다. 포도씨유는 발연점이 250℃로 일
반 식용유보다 높아 기름이 타지 않는다. 또한 튀김옷을 입힌 재료를 기
름에 넣는 순간 확 달아오르기 때문에 튀김 모양이 예쁘다. 속까지 완
전히 익혀 먹어야 하는 생선 튀김은 애벌로 튀긴 다음 도마에 놓고 살짝
쳐 수분과 공기를 뺀 다음 온도를 높여 한 번 더 튀기면 훨씬 바삭하다.

삼치 마요네즈 구이

밥 한 그릇 뚝딱 비우게 만드는 고소하고 부드러운 맛이 일품이죠

주재료
삼치 · · · · · · · · · · · · · · · · · · · 400g
소금 · 후춧가루 · · · · · · · · · · 약간씩
마늘 ·4쪽
포도씨유 · · · · · · · · · · · · · · · ·1큰술
레몬즙 ·약간
파슬리가루 · · · · · · · · · · · · · · ·약간

마요네즈소스
마요네즈 · · · · · · · · · · · · · · · 4큰술
설탕 · 2큰술
씨겨자 · · · · · · · · · · · · · · · · · · ·1큰술
후춧가루 · · · · · · · · · · · · · · · · · 약간

이렇게 만드세요
조리시간 초보 **30분** 고수 **20분**

1
손질해 놓은 삼치에
소금과 후춧가루를
뿌려 밑간한다.

2
마요네즈와 설탕,
씨겨자 등 분량의
재료를 넣고 마요네즈
소스를 만든다.

3
마늘은 편으로 썰어
포도씨유를 두른 팬에
노릇하게 구워 놓는다.

4
삼치를 팬에 넣고
앞뒤로 노릇하게
굽는다.

5
삼치 겉면이 익으면
마요네즈소스를 골고루
바른 다음 한 번 더
굽는다. 이때
마요네즈소스가
안쪽까지 스며들도록
덧바르며 굽는다.

6
잘 구워진 삼치를
접시에 담고 구운
마늘과 레몬즙, 파슬리
가루를 뿌려 낸다.

생선과 잘 어울리는 소스 만들기

다양한 소스를 활용하면 생선의 비린 냄새도 없애고 더 좋은 맛을 낼 수
있다. 생선과 잘 어울리는 타르타르소스를 직접 만들어 보자. 마요네즈
3큰술에 삶은 달걀 흰자 1개와 파슬리, 피클을 잘게 썰고, 노른자는 으
깨 넣고 잘 섞는다. 소금과 후춧가루는 기호에 맞게 넣는다.
한 가지 더! 아이들이 좋아하는 허니머스터드소스는 마요네즈와 머스
터드, 꿀, 식초 등을 같은 비율로 넣고 잘 섞는다. 마요네즈 분량을 늘리
면 훨씬 부드러운 맛을 낼 수 있다.

꿀소스 꽁치 구이

달콤한 꿀소스와 영양만점 꽁치로
나른한 몸에 활력을 더하세요

주재료
꽁치	3마리
소금	약간
후춧가루	약간
마늘	2쪽
포도씨유	2큰술
땅콩	10알

꿀소스
꿀	2큰술
화이트와인	3큰술
식초	2큰술
레몬즙	1큰술
다진 마늘	1/2작은술
간장	1작은술
후춧가루	약간

이렇게 만드세요 조리시간 초보 40분  고수 25분

1 꽁치는 내장을 손질한 뒤 속까지 물로 잘 씻어 소금과 후춧가루로 밑간을 하고 칼집을 넣는다.

2 꽁치를 구울 때 기름이 튀지 않도록 겉면의 물기를 키친타월로 닦아 준다.

3 꿀과 화이트 와인 등 꿀소스 재료를 분량대로 섞는다.

4 포도씨유를 두른 팬에 통마늘을 으깨 넣고 잠시 볶다가 꽁치를 넣고 노릇하게 굽는다.

5 꽁치가 거의 다 익었을 때 꿀소스를 넣고 재빨리 뒤집어 가며 코팅하듯 굽는다.

6 꽁치를 접시에 담고 잘게 부순 땅콩을 솔솔 뿌려 완성한다.

고수의 비밀 노트

생선 타지 않게 잘 굽기

생선구이를 할 때는 토막을 낸 생선의 껍질 쪽을 먼저 구워야 한다. 살을 먼저 구우면 생선에서 흘러나온 물기와 기름기 때문에 연기가 나고 채 익기도 전에 타서 맛이 떨어진다. 꼭 한 면이 완전히 익은 후 뒤집어야 모양도 살고 맛도 지킬 수 있다.
생선을 구울 때 소금 양만 잘 조절하면 타지 않게 구울 수 있다. 소금은 약 30cm 정도 높이에서 골고루 뿌려야 생선이 예쁘게 구워진다. 특히 타기 쉬운 꼬리 부분에 소금을 많이 뿌리면 덜 타게 된다.

동태살 유린기

바삭하게 튀긴 흰살 생선을 매콤새콤한
중국식 유린기소스로 버무린 일품요리죠

주재료		유린기소스	
동태살	300g	간장	3큰술
소금	약간	식초	2큰술
후춧가루	약간	사이다	1큰술
청주	1큰술	설탕	1큰술
달걀 흰자	1개	청주	약간
녹말가루	4큰술	생강즙	1작은술
송송 썬 파	2큰술	마른고추	2개
튀김기름	적당량	썰어 놓은 대파(흰대)	1큰술
		후춧가루	약간

이렇게 만드세요   조리시간   초보 45분   고수 30분

1 동태살에 소금,
후춧가루, 청주를 넣어
밑간한다.

2 ①에 달걀흰자를 넣고,
손으로 재빨리 주물러
거품을 낸다.

3 ②에 녹말가루를 넣고
버무려 튀김옷 반죽을
입힌다.

4 180℃의 끓는 기름에
두 번 튀겨낸다.

5 분량의 재료를 넣어
유린기소스를 만든다.

6 튀긴 동태살에 송송 썬
파를 올리고 유린기
소스를 뿌린다.

고수의 비밀 노트

생선 튀기고 난 뒤 남은 기름은?

튀김 요리를 하고 난 후에는 남은 기름 처리가 고민이다. 특히 생선을
튀긴 기름에는 생선 특유의 비린내가 남아 있어 다시 사용하기가 곤란
할 수도 있다.
그래도 그냥 버리기가 아깝다면, 생선 튀기고 난 기름에 양파나 감자 등
냄새가 강한 채소를 몇 개 튀겨내자. 기름 속에 남아 있는 생선 비린내
가 없어진다. 기름을 면보에 몇 번 걸러내는 것도 비린내 제거에 효과
가 있다.

콩고등어조림

몸에 좋은 서리태를 넣은 제주도식 조림 요리로,
웰빙 반찬으로 그만이지요

주재료

고등어	1마리
서리태	1/2컵
무	1/8개
풋고추	1개

조림양념장

고춧가루	5큰술
간장	4큰술
설탕	1/2작은술
청주	4큰술
다진 마늘	1큰술
고추장	1큰술
다진 파	1큰술
다진 생강	1/2작은술
통깨	약간
후춧가루	약간

이렇게 만드세요

조리시간 ⏰ 초보 45분 ⏰ 고수 35분

1
서리태는 약 30분에서 2시간 정도 미리 물에 불려 둔다.

2
고등어는 머리를 자르고 내장을 꺼낸 다음 흐르는 물에 씻는다. 양옆 지느러미를 가위로 잘라낸 다음 3~4토막을 낸다.

3
무는 도톰하게 썰고 풋고추는 어슷하게 썬다.

4
분량의 재료를 넣어 조림양념장을 만든다.

5
냄비에 무와 콩을 깔고 물을 약간 부은 다음 중불에서 1~2분간 먼저 끓여 준다.

6
⑤에 고등어와 풋고추를 넣고 조림양념장을 부어 중불에서 15분간 조린다.

고수의 비밀 노트

생선을 맛있게 조리려면?

생선을 조리다 보면 양념 때문에 생선이 타거나 냄비에 눌어붙어 모양이 망가지기 쉽다. 이를 막으려면 우선, 냄비를 넓고 편평한 것을 선택할 것. 그래야 나중에 생선을 꺼내기도 쉽고 모양이 흐트러지지 않는다. 생선을 조리기 전에 무나 콩을 냄비에 미리 깔고 그 위에 생선을 얹어 조려 보자. 무의 단맛이 빠지기 때문에 생선이 더 맛있다. 또, 콩은 생선 비린내를 잡아 주는 역할도 한다. 콩은 메주콩, 흑태, 서리태 등 어떤 콩을 사용해도 좋지만 미리 불려야 부드럽고 맛있다.

삼치아몬드강정

노릇하게 지진 삼치에 달콤한 강정소스를 입히고
고소한 아몬드까지 뿌려 아이들도 무척 좋아해요

주재료

삼치	1/2마리
소금	약간
후춧가루	약간
녹말가루	2큰술
찹쌀가루	2큰술
아몬드 슬라이스	1/2컵
포도씨유	약간

강정소스

고추장	4큰술
올리브유	1큰술
설탕	3큰술
물엿	1큰술
간장	1작은술
청주	1큰술
케첩	1큰술
다진 마늘	약간
다진 아몬드	약간
후춧가루	약간
참기름	약간

이렇게 만드세요

조리시간 초보 **45분** 고수 **30분**

1 삼치는 반을 가르고 먹기 좋은 크기로 자른 다음 핀셋을 이용해 가시를 제거한다. 손질한 삼치는 소금과 후춧가루로 밑간을 한다.

2 녹말가루와 찹쌀가루를 섞은 다음 밑간해둔 삼치 겉면에 골고루 묻힌다.

3 포도씨유를 두른 팬에 삼치를 노릇하게 지져낸다.

4 또 다른 팬에 포도씨유를 두르고 미리 만들어 놓은 강정소스를 끓인다.

5 지져낸 삼치를 강정소스에 넣어 재빨리 버무린다.

6 소스에 버무린 삼치를 그릇에 담고, 아몬드 슬라이스를 얹어 완성한다.

고수의 비밀 노트

아몬드 오랫동안 보관하는 방법

아몬드는 개봉한 다음 3개월 정도가 지나면 썩거나 자체에서 분비되는 기름 때문에 절게 된다. 먹을 분량만큼만 구입하고, 남은 것은 지퍼백이나 밀폐용기에 담아 냉동실에 보관하는 것이 가장 좋다.
밀폐가 제대로 되지 않으면, 냉장고의 각종 냄새가 아몬드에 밸 수 있으니 주의할 것. 냉동 보관한 아몬드를 요리에 사용할 때는 오븐에 살짝 구우면 처음과 같은 맛을 낼 수 있다. 통아몬드는 10분 정도, 슬라이스 아몬드나 채썬 아몬드는 7~8분 정도 150℃의 온도에서 구워내면 된다.

민대구살 스프링롤

콜레스테롤 걱정 없는 담백한 생선살은 칼로리가 낮아
다이어트에도 좋아요

주재료
민대구살 · · · · · · · · · · · · · · · · · · 200g
소금 · 약간
후춧가루 · · · · · · · · · · · · · · · · · · 약간
청주 · 1컵
라이스페이퍼 · · · · · · · · · · · · · · · 8장
영양부추 · · · · · · · · · · · · · · · · · · 8단

양파 · 1/4개
파인애플 · · · · · · · · · · · · · · · · · · 2쪽
파프리카 · · · · · · · · · · · · · · · · · 1/4개
버미셀리 쌀국수 · · · · · · · · · · 한 줌

베트남 피시소스
피시소스 · · · · · · · · · · · · · · · · 4큰술
다진 고추 · · · · · · · · · · · · · · · · · 약간
레몬 또는 라임 주스 · · · · · · 2큰술
식초 · 2큰술
설탕 · 1큰술

해선장
호이진 소스 · · · · · · · · · · · · · · 2큰술
다진 땅콩 · · · · · · · · · · · · · · · · · 약간

이렇게 만드세요   조리시간   초보 50분   고수 30분

1
소금과 후춧가루로
간을 한 민대구살을
끓는 물에 넣은 다음
청주를 부어 데쳐낸다.

2
분량의 재료를 넣고
베트남 피시소스와
해선장을 만든다.

3
라이스페이퍼는
미지근한 물에 불린다.

4
버미셀리 쌀국수는
물에 5분간 불린 다음,
끓는 물에 넣고 2분간
삶는다. 국수가 익으면
건져내 찬물에 헹군다.

5
영양부추, 양파,
파프리카는 5~6cm
정도 길이로 가늘게
채를 썰고, 파인애플은
먹기 좋은 크기로 잘라
놓는다.

6
라이스페이퍼에 상추를
깔고 ①의 생선살과
⑤의 채소, 파인애플을
올린 뒤 버미셀리
쌀국수를 넣어 돌돌
말아 소스와 함께 낸다.

고수의 비밀 노트

냉동 생선, 제대로 해동하기

냉동실에 넣어 두었던 생선은 냉장실에서 서서히 해동하는 것이 가장
좋다. 냉장실에서 해동할 때는 생선에서 흘러나오는 물이 다른 재료에
스며들지 않도록 비닐봉지에 담은 후 다시 그릇에 담아 둘 것.
생선을 지퍼백이나 비닐봉지에 완전히 밀봉한 다음 수돗물 아래쪽에 놓
고 물을 틀어 잠시 두어도 자연스럽게 해동된다. 시간이 없어 전자레인
지를 이용할 때는 생선 온도가 갑자기 올라가기 때문에 해동 즉시 요리
하는 것이 좋다.

굴소스 전어 볶음

굴 소스로 맛을 낸 중국식 볶음 요리로
선선한 가을 밤 술안주로 최고예요

주재료

전어	2마리	마늘	3쪽
소금	약간	마른고추	3개
후춧가루	약간	포도씨유	약간
밀가루	2큰술	**볶음 양념장**	
청·홍피망	1/2개씩	굴소스	3큰술
양송이버섯	8개	간장	1큰술
죽순	1대	설탕	1큰술
양파	1/2개	청주	1큰술

이렇게 만드세요

 조리시간 초보 30분 고수 20분

1 전어는 내장을 꺼내고 흐르는 물에 씻은 다음 비늘을 긁어낸다. 지느러미는 가위로 잘라내고 소금과 후춧가루로 밑간한 다음 밀가루를 묻혀 놓는다.

2 피망, 양송이 버섯, 양파, 죽순은 모두 큼지막하게 썰어 놓는다.

3 팬에 기름을 두르고 마늘과 마른고추를 볶다가 ①의 전어를 넣어 노릇하게 익힌다.

4 익힌 전어를 건져내고 팬에 썰어둔 갖은 야채를 넣어 볶다가 소금과 후춧가루로 간을 한다.

5 ④에 굴소스, 간장, 설탕, 청주를 넣어 바글바글 끓이면서 볶는다.

6 채소가 절반 정도 익으면 전어를 넣어 재빨리 함께 볶는다.

고수의 비밀 노트

가을에 물오른 전어 고르기

가을에 전어가 맛있는 이유는 뼈가 부드러워지고 맛이 한결 고소해지기 때문. 또한 지방질이 다른 계절보다 최고 3배 정도 많아 고소한 맛이 절정에 달한다. 열량도 높지 않아 다이어트에도 좋다.
전어는 길이가 15~20cm 이상 되는 큼직한 것이 좋고, 비늘이 많이 붙어 있고 윤기가 나면서 배 부분이 은백색, 등 부분이 초록빛을 띠고 있는 것이 맛있다. 구이용 전어를 한꺼번에 많이 구입했을 경우에는 소금을 뿌리지 말고 한 번 먹을 양만큼 나누어 냉동 보관해야 한다.

임연수 김치찜

매콤한 김치와 향긋한 쑥갓이 어우러진 생선찜
한 접시면 밥 한공기 뚝딱이에요

주재료

임연수	1마리
소금	약간
후춧가루	약간
청주	2큰술
밀가루	3큰술
포도씨유	약간
김치	1/8포기
멸치다시마육수	4컵
고추장	2큰술
쑥갓	1줌
떡볶이떡	8개

김치양념

국간장	1작은술
설탕	1작은술

이렇게 만드세요

조리시간　초보 **60**분　고수 **40**분

1
임연수는 머리를
잘라내고 내장을
손질한 다음 소금과
후춧가루, 청주로
밑간을 한다.

2
밑간한 임연수에
밀가루를 묻힌 다음,
포도씨유를 두른 팬에
겉면이 노릇하도록
지져낸다.

3
김치에 국간장, 설탕을
넣어 버무려 양념을 해
둔다.

4
냄비에 양념한 김치를
넣고 물 1리터에 멸치
4마리, 다시마 1개를
넣고 끓인
멸치다시마육수 4컵을
부은 뒤 고추장을 풀어
15분간 팔팔 끓여
김치를 익힌다.

5
김치가 어느 정도
익으면 임연수와
떡볶이떡을 넣은 다음
약불에서 15분간 더
끓인다.

6
불을 끄고 마지막에
쑥갓을 넣는다.

고수의 비밀 노트

생선 요리의 향을 더해 주는 쑥갓

쑥갓을 포함해 미나리, 깻잎, 참나물 등 향채소는 요리의 향을 더욱 돋
워 주는 재료다. 특히 생선과 함께 요리할 때는 생선의 비린내를 잡아
주는 효과도 있다. 그중 쑥갓은 값도 싸고 쉽게 구할 수 있는 향채소 중
하나. 자율신경을 자극하고 장 운동을 활발하게 해서 변비에도 좋을 뿐
아니라 면역력을 강화하고, 빈혈 개선에도 효과가 있다. 단, 쑥갓의 향
과 효능을 제대로 얻기 위해서는 찌개나 찜이 완성된 다음 불에서 내리
기 직전에 얹어 내야 한다.

고추장 전어 구이

집 나간 며느리도 돌아온다는 가을 전어 구이,
바로 그 맛이죠

고추장소스
고추장	3큰술
설탕	2큰술
간장	1작은술
청주	1큰술
다진 양파	1큰술
다진 마늘	1/2작은술
물엿	1큰술
참기름	약간
후춧가루	약간

주재료
전어	4마리
소금	약간
후춧가루	약간
식용유	약간

이렇게 만드세요 조리시간 초보 **25분** 고수 **15분**

1
전어는 내장을 제거하고 비늘을
살살 긁어낸 후 칼집을 넣는다.
소금과 후춧가루를 약간만 뿌린다.

2
분량의 재료를 넣어 고추장소스를
만든 다음 실온에서 30분 정도
숙성시킨다.

3
식용유를 바른 석쇠에 전어를
올리고 센 불에서 어느 정도
익힌다. 중간에 석쇠를 들었다
내렸다 하며 불의 세기를 조절한다.

4
전어에 고추장소스를 붓으로
바르면서 완전히 굽는다.

석쇠에 눌어붙지 않게 구우려면?

생선을 석쇠에서 구울 때 가장 조심해야 할 것은 생선껍질이 석쇠에 눌어붙지 않게 하는 것. 너덜너덜 껍질 떨어진 생선 구이를 내놓지 않으려면 우선 석쇠를 충분히 달궈야 한다. 그런 다음 석쇠에 기름을 발라 놓으면 생선이 깨끗하게 구워진다. 기름 대신 생선에 식초를 발라도 되는데, 식초가 생선살을 더욱 단단하게 만들어 준다. 생선에 양념을 할 경우에는 양념이 불에 쉽게 타기 때문에 생선이 어느 정도 익었을 때 바를 것.

시사모 된장 구이

꼬치에서 빼 먹는 재미가 쏠쏠.
된장의 구수한 맛이 입 안에서 그대로 느껴져요

주재료

시사모	8마리
소금	약간
후춧가루	약간
포도씨유	약간

된장소스

일본된장	2큰술
청주	1작은술
간장	1작은술
생강즙	1/2작은술
설탕	1큰술
포도씨유	1큰술

이렇게 만드세요

조리시간 ⏰ 초보 25분 ⏰ 고수 15분

1 시사모는 소금과 후춧가루를 뿌려
밑간을 한다.

2 분량의 재료를 넣어 된장소스를
만든다.

3 대나무 꼬치는 미리 물에 불려 둔
다음 시사모에 끼운다.

4 포도씨유를 바른 시사모는
석쇠에서 살짝 익힌 다음 된장
소스를 발라 가면서 굽는다.

고수의 비밀 노트

건강하고 맛있게 된장을 먹는 방법

된장은 간 기능을 회복하고 콜레스테롤 수치를 떨어뜨려 성인병 예방에 좋다. 하지만 염분이 높은 된장은 오히려 몸에 해로울 수 있다. 건강을 생각한다면
저염 된장을 고를 것. 된장소스를 만들 때는 재래식 된장보다는 일본된장을 사용하는 것이 좋다. 일본된장은 쌀이나 보리, 밀 등을 혼합해서 만들었기 때문
에 맛이 달고 짜지 않아 소스로 활용하기 좋다. 된장소스에 포도씨유를 섞으면 요리가 더욱 부드럽고 윤기가 난다.

연어 데리야키

데리야키소스와 담백한 연어의 환상적인 조화!
손님 초대 요리로도 그만이에요

주재료

연어 필레	2토막
소금	약간
후춧가루	약간
레몬	1/2개
포도씨유	2큰술

데리야키소스

간장	4큰술
설탕	3큰술
청주 혹은 맛술	2큰술
다진 마늘	1/2작은술
다진 생강	1/4작은술
후춧가루	약간

이렇게 만드세요

조리시간 초보 **30분**   고수 **20분**

1
연어는 소금과 후춧가루로 밑간을 해 둔다.

2
데리야키소스는 분량의 재료를 섞은 후 작은 냄비에 넣어 가볍게 끓여 놓는다.

3
팬에 포도씨유를 두르고 연어를 올린 다음 앞뒤로 가볍게 익힌다.

4
연어살이 부서지지 않도록 조심하면서 데리야키소스를 뿌려가며 조리듯이 구워낸다. 마지막에 레몬즙을 뿌린다.

고수의 비밀 노트

데리야키소스를 맛있게 먹으려면

간장에 청주, 설탕 등을 첨가한 데리야키소스는 각종 구이 요리에 넣으면 맛과 윤기를 더할 수 있다. 특히 생선을 구울 때 사용하면 생선의 비린내를 없애고 생선살을 연하게 하는 효과가 있다. 생선을 구울 때 데리야키소스가 안까지 속속 배어들게 하고 싶다면 생선을 미리 소스에 재워 냉장고에서 12시간 정도 숙성시킨 뒤 구우면 된다. 데리야키소스가 너무 달다면 청양고추를 썰어 넣으면 칼칼한 맛을 더할 수 있다.

생강소스 조기구이

만만한 저녁 반찬 조기구이,
생강소스의 톡 쏘는 맛으로 색다르게 즐겨요

주재료

조기	2마리
생강즙	2큰술
소금	약간
후춧가루	약간
녹말가루	3큰술
튀김기름	약간
고추기름	4큰술
마늘	2쪽
편으로 썬 생강	4쪽분
쪽파	1대
마른고추	3개

구이 양념

청주	3큰술
간장	1큰술
설탕	1큰술
굴소스	1큰술
참기름	1작은술

이렇게 만드세요 조리시간 ⏰ 초보 **30**분 ⏰ 고수 **20**분

1 조기는 비늘과 지느러미, 내장을 손질한 후 생강즙과 소금, 후춧가루로 밑간을 해둔다.

2 밑간한 조기에 녹말가루를 묻힌 다음, 기름에 노릇하게 튀긴 후 기름을 뺀다.

3 팬에 고추기름을 두르고 편으로 썬 생강, 마른고추, 마늘, 길이로 자른 파를 넣어 볶는다.

4 ③에 구이 양념을 넣은 후, 끓으면 생선 튀긴 것을 넣고 재빨리 볶는다.

고수의 비밀 노트

빠르고 쉬운 조기 손질은 이렇게

생선은 내장부터 상하기 때문에 사온 즉시 아가미와 내장을 제거한 후 보관해야 한다. 일단, 비늘은 꼬리에서 머리를 향해 칼로 긁어내야 쉽게 벗겨낼 수 있다. 조기의 등과 배에 붙어 있는 지느러미는 칼보다 가위를 이용하면 쉽게 잘라낼 수 있다. 지느러미를 손으로 든 다음 꼬리에서 머리를 향해 자르면 된다. 조기의 배를 가르지 않고 내장을 제거하고 싶다면 아가미를 손으로 들어 젓가락으로 내장을 돌돌 말면서 잡아 뺄 것.

땅콩소스 고등어구이

견과류로 영양은 높이고, 오븐에서 구워
칼로리는 낮췄어요

주재료

고등어	1마리
소금	약간
후춧가루	약간

땅콩소스

땅콩	10알
마요네즈	3큰술
멸치육수	2큰술
사과	1/8개
양파	1/8개
땅콩버터	2큰술
청주	2큰술
설탕	1큰술
레몬즙	약간
간장	약간

이렇게 만드세요 조리시간  초보 **45**분 고수 **35**분

1
땅콩을 제외한 소스 재료를 믹서에 넣고 간 다음 땅콩을 잘게 부숴 넣고 섞는다.

2
고등어는 살이 통통하게 오른 것으로 준비해 3~4토막으로 썬 다음 소금과 후춧가루로 밑간한다.

3
220℃로 예열한 오븐에서 10분 정도 애벌로 굽는다. 오븐이 없을 때는 생선그릴에 살짝 굽는다.

4
땅콩소스를 골고루 발라 오븐 온도를 220℃에 맞춰 다시 굽는다. 이때 쿠킹호일을 덮어 구우면 겉면이 타지 않는다.

고수의 비밀 노트

고소한 맛을 더해 주는 견과류

견과류의 고소한 맛은 지방질이 많은 생선의 느끼함을 잡는 데 효과적이다. 영양까지 풍부해 햇 견과류가 나오는 가을에는 다양한 요리에 견과류를 곁들여 먹으면 좋다. 다양한 음식과 잘 어울리는 땅콩은 불포화지방산이 풍부하고 콜레스테롤을 녹이는 작용을 도와 동맥경화증 예방에 효과적이다. 그리고 아몬드는 콜레스테롤이 없고 지방 함량이 적고 비타민E가 풍부하다. 강력한 산화방지제 역할까지 하기 때문에 조리할 때 넣으면 음식을 오래 보관할 수 있다.

대구살 밀레니스

밀레니스는 레몬, 양파, 파슬리를 곁들인
흰살 생선 버터구이예요

주재료

대구살	300g
화이트와인	2큰술
소금	약간
후춧가루	약간
밀가루	2큰술
버터	2큰술
양파	1/2개
레몬 슬라이스	2쪽
파슬리	약간

이렇게 만드세요  초보 **35**분　고수 **20**분

1
대구살을 5cm 길이로 약간
도톰하게 썰어 화이트와인을
뿌리고, 소금과 후춧가루로
밑간한다.

2
대구살에 밀가루를 골고루 묻힌
다음 버터를 두른 팬에 노릇하게
지져 낸다.

3
양파는 채썰어 대구살을 구웠던
팬에 볶아 구운 대구살 위에
올린다.

4
구운 대구살과 양파를 접시에 담고
파슬리를 곱게 다져 보기 좋게
장식한 다음 슬라이스 레몬을
곁들인다.

고수의 비밀 노트

생선 요리에 레몬을 뿌리는 이유

생선회부터 튀김, 구이 등 생선 요리에는 레몬이나 식초를 흔히 곁들인다. 이는 생선에 들어 있는 산화트리메틸아민이 분해되어 생기는 트리메틸아민 때문에 나는 비린 냄새를 레몬이나 식초의 산 성분이 없애 주기 때문이다. 뿐만 아니라 살균 및 항균 기능으로 신선도도 오래 유지되는 효과가 있다. 주방에서 생선 조리할 때 사용했던 칼과 도마 등을 묽은 식초나 레몬으로 닦고 세제로 씻으면 비린내가 없어지는 것도 이 화학반응 덕분이다.

4 밥 먹기 싫은 날

방.영.아.의.
국수
한 그릇

밥맛없는 날, 야심한 밤 출출할 때면 떠오르는 것이 국수·라면·우동요리.
재료 구입이 쉽고 만드는 방법도 간단하며 열량도 충분해 한 끼 식사로도 손색이
없는 면요리는 남녀노소 누구나 좋아하는 최고의 일품메뉴다. 면, 국물, 곁들이는
재료, 고명 등을 다양하게 활용하면 그 조리법이 무궁무진하고 사계절 언제나
즐길 수 있다. 추운 겨울엔 따끈따끈한 온면으로 몸을 녹이고 더운 여름엔 얼음 띄워
시원한 냉면으로 더위를 떨쳐버릴 수 있는 면요리의 세계로 초대한다.

김치말이국수

김치만 있으면 오케이. 쫄깃한 소면으로 가슴속까지
시원한 여름 별미를 만들어 보세요

주재료

소면	200g
소금	약간
배추김치	1포기
상추	8잎
노란파프리카	1/2개
양파	1/2개
간장	2큰술
설탕	1과1/2큰술

멸치육수(4컵 분량)

국물용 멸치	10마리
다시마(10cm)	1장
마늘	4쪽
대파 흰 부분	1/2대
무	80g
생수	6컵

김치양념

참기름	1큰술
깨소금	1큰술
설탕	1큰술
사과즙	1큰술

이렇게 만드세요   조리시간 초보 40분   고수 30분

1 배추김치는 속을 털어내고 송송 썰어 분량의 김치양념을 넣고 무친다.

2 상추는 물기를 빼고 썰어 놓고, 양파도 가늘게 채썰어 찬물에 담갔다 건진다. 노란 파프리카는 속을 털어내고 가늘게 채썰어 찬물에 담갔다 건진다.

3 생수에 국물용 멸치와 다시마, 무 등 육수 재료를 넣고 끓여 멸치육수를 만든다. 다시마는 끓기 직전에 건져낸다.

4 냄비에 물을 붓고 끓으면 소금을 넣고 국수를 삶아 찬물에 헹군 다음 사리를 지어 놓는다.

5 멸치육수 4컵에 간장과 설탕을 넣고 섞는다.

6 그릇에 소면을 담고 양념한 김치와 상추, 파프리카, 양파를 보기 좋게 얹고 멸치육수를 붓는다.

고수의 비밀 노트

배추김치 양념이 국수 맛을 결정

김치말이국수가 맛있으려면 김치를 무치는 양념이 중요하다. 참기름,
깨소금, 설탕, 사과즙을 잘 익은 김치에 넣고 무치면 한결 맛있다.
사과즙을 넣는 이유는 새콤달콤한 맛을 더해 더욱 감칠맛 나는 양념을
완성할 수 있기 때문. 하지만 무엇보다 중요한 것은 김치 속의 양념들
을 다 털어내고 썰어 놓은 김치를 손으로 꼭 눌러 김치 국물을 미리 짜
내는 것. 국물을 짜내지 않으면 김치 국물과 양념이 섞여 질퍽해지고 맛
도 깔끔하지 않다.

콩국수

영양이 풍부한 콩을 갈아 만든 구수하고 시원한 콩국물에
말아 먹는 국수. 맛있고 든든한 웰빙 보양식이죠

주재료
흰콩	2컵
통깨	1/3컵
생수	10컵
생소면	400g
오이	1/2개
수박과육	100g

양념
검은깨	약간
소금	약간

이렇게 만드세요

조리시간 초보 **50분** 고수 **40분**

1
콩은 깨끗이 씻어서
하룻밤 정도 불린다.
불린 콩에 생수 10컵을
부어 뚜껑을 덮고
삶는다. 끓기 시작하면
중간 불로 줄여서
은근히 삶는다.

2
콩이 익으면 손으로
주물러 껍질을 벗긴
다음 물로 다시 헹군다.
이 과정을 두 번 정도
반복하면서 껍질을
말끔히 벗긴다.

3
믹서에 껍질을 벗긴
콩과 통깨를 넣고 곱게
간 다음 고운 체에 걸러
콩국물을 준비한다.

4
수박은 과육만 모양을
내어 자르고, 오이는
소금으로 문질러 씻어
가늘게 채썬다.

5
냄비에 물을 넉넉히
붓고 끓으면 국수를
넣고 삶는다.
끓어오르면 찬물을
붓고 다시 끓어오르면
한 번 더 부어 체에
받쳐 찬물에 손으로
비벼 헹군 다음 사리를
짓는다.

6
그릇에 소면을 담고
차게 준비한 콩국물을
붓는다. 그 위에 오이와
수박, 검은깨를 얹고
소금을 곁들여 낸다.

고수의 비밀 노트

콩국의 주재료, 흰콩 손질법

콩국을 만들 때는 국산 콩을 골라 사용하는 것이 좋다. 국산 콩은 껍질
이 얇고 깨끗하며 윤택이 많이 나고, 낱알의 굵기가 고르지 않은 것이
특징. 콩은 하루 정도 충분히 불려 놓는 것이 가장 좋지만, 만약 콩을 미
리 불려 놓지 않았다면 콩을 씻은 다음 따뜻한 물과 함께 전기밥솥에 넣
고 보온 상태로 20분간 두면 쉽게 불릴 수 있다.
또한 불린 콩을 푹 삶은 다음 껍질을 모두 벗겨내야 콩국물이 부드럽고
깔끔하다. 껍질을 벗기지 않고 그냥 갈면, 콩국물이 까끌까끌하다.

해물국수

감칠맛 나는 양지머리 육수에 신선한 해물 맛이
더해져 입맛이 확 돌아온답니다

주재료

소면	400g
중하	4마리
관자	2개
청주	1큰술
표고버섯	2개
죽순	1개
오이	1개
소금	약간
식용유	약간

양지머리육수(8컵 분량)

쇠고기(양지머리)	400g
마늘	4쪽
대파 흰 부분	1대
무	100g
생수	10컵

육수양념

간장	1큰술
설탕	약간
소금	약간

이렇게 만드세요   조리시간   초보 45분   고수 35분

1
새우는 등 쪽의 내장을
꼬치로 빼고 소금물에
씻어 놓고, 관자는 얇은
막을 벗기고 옆으로
저며 썬다. 끓는 물에
새우와 관자를 넣고
데친다. 이때 청주를
넣어 준다.

2
표고버섯은 기둥을
떼고 저며 썰고, 죽순은
반으로 갈라 석회질을
없앤 다음 빗살 모양을
살려 얇게 썬다. 오이는
4cm 길이로 토막낸
다음 1.5cm 폭으로
껍질 부분만 얇게
썰어서 소금에 살짝
절인다.

3
냄비에 생수를 붓고
양지머리와 마늘, 대파,
무 등 육수 재료를 넣고
한소끔 끓여 식힌다.
식힌 양지머리육수에
간장과 설탕, 소금을
넣어 섞는다.

4
팬에 기름을 두르고
오이와 죽순,
표고버섯을 차례대로
살짝 볶아 소금으로
약하게 간한다.

5
냄비에 물을 넉넉히
붓고 끓으면 소금을
넣고 국수를 삶는다.
끓어오르면 찬물을
붓고 다시 끓어오르면
찬물을 한 번 더 부어
체에 밭쳐 찬물에 비벼
헹군 다음 사리를
짓는다.

6
국수를 그릇에 담고
죽순과 표고버섯,
오이를 얹고 그 위에
새우와 관자를 보기
좋게 얹는다. 준비한
육수를 부어 낸다.

고수의 비밀 노트

오이 제대로 절이기

오이는 겉면이 윤기가 흐르는지 확인하고, 몸체가 휘거나 잘록하지 않
고 매끈한 것으로 고른다. 오이를 소금에 절이면 삼투현상으로 오이의
수분이 빠져나가 아삭한 맛은 덜하지만 물기가 제거되어 다루기 쉽고,
생오이의 풋내가 사라져 맛있다.
오이를 썰어서 소금에 절일 때는 썰어 놓은 오이에 물을 약간 넣어준 다
음 굵은소금을 풀어 절이는 것이 좋다. 오이에 바로 소금을 뿌리면 오이
껍질 부분에 소금이 붙어 점처럼 색이 진해지면서 상한 것처럼 보인다.

잔치국수

여러 가지 고명을 얹은 순 우리식 국수로,
손님 초대 시 일품요리로 내놓아도 그만이죠

주재료

소면	200g
소금	약간
쇠고기	100g
달걀	1개
애호박	50g
당근	50g
간장	1큰술
설탕	약간
식용유	적당량

멸치육수(8컵 분량)

국물용 멸치	20마리
다시마(10cm)	2장
마늘	7쪽
대파 흰 부분	1대
무	160g
생수	10컵

쇠고기양념

다진 마늘	1/2작은술
참기름	1/2작은술
소금	약간
후춧가루	약간

이렇게 만드세요

조리시간 🕐 초보 45분 🕐 고수 35분

1
팬에 기름을 두르고 애호박과 당근은 채썰어 차례대로 살짝 볶는다.

2
쇠고기는 가늘게 채썰어 분량의 양념을 넣고 밑간을 한 다음 팬에 기름을 두르고 볶는다. 달걀은 소금을 넣고 잘 풀어서 지단을 부쳐 가늘게 채썬다.

3
생수에 국물용 멸치와 다시마, 무 등 육수 재료를 넣고 끓여 멸치육수를 만든다.

4
멸치육수 8컵에 간장과 설탕을 넣고 섞어서 준비한다.

5
냄비에 물을 넉넉히 붓고 끓으면 소금을 넣고 국수를 삶아 찬물에 헹군 다음 사리를 짓는다.

6
국수를 그릇에 담고 볶은 쇠고기와 애호박, 당근, 달걀지단을 고명으로 얹은 후 육수를 부어 낸다.

고수의 비밀 노트

면을 쫄깃하게 삶으려면

면을 삶을 때는 큼직한 냄비에 물을 넉넉하게 붓고 삶아야 한다. 물의 양이 적으면 면이 냄비에 눌어붙거나 면끼리 뭉치기 쉽기 때문이다. 물속으로 면이 들어가면 젓가락으로 한 번 저어서 면끼리 붙지 않도록 풀어 주는 것도 중요하다. 또, 끓는 물에 면을 넣고 삶다가 물이 팔팔 끓어오르면 찬물 한 컵을 냄비 가장자리로 돌려 부어 물의 온도를 떨어뜨린다. 다시 물이 끓으면 한 번 더 찬물 한 컵을 붓고 끓인 다음 체에 밭쳐 찬물에 담가 손으로 비벼 헹구면 면발이 쫄깃하고 맛있다.

쟁반메밀국수

단백질과 비타민이 풍부한 메밀에 톡 쏘는 겨자양념을
더해 더위에 지친 몸을 상큼하게 일깨워요

주재료

메밀국수	300g
닭가슴살	150g
오이	1/2개
당근	50g
깻잎 · 상추	10장씩
실파	3대
달걀	2개
들깨가루	3큰술
소금	약간
마늘 · 생강	1쪽씩
대파	1/2대

양념장

닭육수	4컵
간장	2큰술
고춧가루	2큰술
설탕	2큰술
다진 마늘	3큰술
식초	2큰술
참기름 · 깨소금	1큰술씩
발효겨자	1/2큰술

이렇게 만드세요

조리시간 초보 **45분** 고수 **35분**

1
닭가슴살을 냄비에
넣고 물 4컵을 부어
대파와 마늘, 생강을
넣고 푹 삶는다.

2
삶은 닭가슴살이 한김
식으면 닭살은 가늘게
찢어 놓고, 육수는 체에
밭쳐 기름을 걸러내고
차게 식힌다.

3
오이와 당근, 상추,
깻잎은 손질하여
채썰어 놓고, 실파는
송송 썬다. 달걀은
12분 정도 삶아 껍질을
벗긴 후 둥글게 썬다.

4
그릇에 닭육수
1/2컵과 발효겨자를
넣고 잘 섞은 다음 다른
양념들을 고루 섞어
양념장을 만든다.

5
끓는 물에 소금을 넣고
메밀국수를 삶는다.
끓으면 찬물을 한 컵
부어 더 끓이다가 다
삶아지면 찬물에 넣어
비벼 씻은 후 사리를
지어 체에 밭쳐 물기를
뺀다.

6
접시에 준비한 야채와
닭살, 달걀, 국수를
보기 좋게 담고 그 위에
들깨가루와 실파 썬
것을 뿌리고 양념장은
먹기 직전에 뿌린다.

매콤한 맛의 비밀, 발효겨자 만들기

시중에는 튜브 형태나 병에 갠 크림 형태로 발효겨자를 판매하고 있다.
하지만, 겨자가루를 준비해두고 요리할 때마다 발효시켜 먹으면 겨자
의 향과 맛을 더욱 잘 느낄 수 있다.
겨자가루에 35℃ 정도의 따뜻한 물을 넣고 되직하게 갠 다음 따뜻한 곳
에서 10분 정도 발효시키면 된다. 이때, 너무 차가운 물이나 뜨거운 물
을 넣어 개면 겨자의 매운맛 성분이 파괴되어 매콤한 겨자 맛이 사라지
니 주의할 것.

인삼잣국수

검은콩, 인삼, 잣 등 몸에 좋은 재료가 듬뿍
들어 있어 온 가족 보양식으로 좋아요

주재료

복분자국수	300g
서리태(검은콩)	1컵
물	10컵
소금	약간
수삼	1뿌리
잣	1/4컵

오이절임

오이	1개
소금 · 야채즙	1작은술씩
식초	2큰술
설탕	1큰술

고명

잣	1큰술
통깨	1큰술

이렇게 만드세요

`조리시간` 초보 **50**분   고수 **40**분

1
서리태는 따뜻한 물에
5시간 이상 불려서 물
10컵을 붓고 소금을
넣어 삶는다. 삶은
서리태는 체에 밭쳐 콩
삶은 물은 따로
받아놓고, 서리태는
찬물에 담가 손으로
비벼 껍질을 벗긴다.

2
수삼은 뇌두 부분을
잘라낸 후 알팍하게
저미고, 잣은 고깔을
뗀다.

3
믹서에 삶은 콩과 수삼,
잣 그리고 콩 삶은 물을
부어 곱게 갈아
냉장고에 차게
보관한다.

4
오이는 편썰기한 다음
소금, 야채즙, 식초,
설탕을 분량대로 넣고
절였다가 물기를 꼭
짠다.

5
냄비에 물을 넉넉히
붓고 끓으면
복분자국수를 넣어
삶는다. 우르르
끓어오르면 찬물을 한
컵 부어 삶는다. 면이
다 익으면 찬물에 비벼
헹궈 사리를 짓는다.

6
그릇에 복분자국수를
담고 준비한 국물을
넉넉히 부은 후, 오이와
통깨, 잣을 얹고 소금과
함께 낸다.

`고수의 비밀 노트`

서리태, 비린내 나지 않게 하려면

건강에 좋은 블랙 푸드의 선두주자 서리태 역시 수입산보다는 국산이 좋
다. 국산의 경우 낱알이 굵고 둥글둥글하며 손상된 낱알이 거의 섞여 있
지 않다. 서리태는 삶기 전에 5시간 이상 불리면 좋은데 불리는 중간에
다시 물을 붓고 3번 정도 씻어 주면 비린내가 줄어들면서 콩물이 더욱
담백해진다. 또한 불려 놓은 서리태를 삶을 때는 물이 끓기 시작해서 3
분이 지나면 불을 끄고 5분 정도 뜸을 들이는 것이 좋다. 너무 오래 삶으
면 메주콩 냄새가 날 수 있고, 덜 익히면 비린내가 나기 때문이다.

열무물김치 통밀국수

구수한 통밀국수와 아삭아삭 씹히는 열무가 어우러진
개운한 맛이 일품이에요

주재료

통밀국수	200g
소금	약간
열무	1/2단
풋배추	1/4단
굵은소금	1/5컵
실파	4대
풋고추 · 생강	1개씩
마늘	1통
마른고추	6개
생수	8컵
소금	1큰술

찹쌀풀

찹쌀가루	2큰술
물	2컵

이렇게 만드세요   조리시간   초보 **25**분   고수 **20**분 (열무김치 미리 만들어 놓은 경우)

1
열무와 풋배추는
깨끗이 다듬어
4~5cm 길이로 썰어
흐르는 물에 살살 씻어
건진 후 큰 그릇에 담고
굵은소금을 뿌려
뒤적거려 30분 정도
절였다가 흐르는 물에
씻어 건진다.

2
실파는 3~4cm
길이로 썰고, 풋고추는
어슷하게 썰어 씨를
대충 털어 놓는다.
마늘과 생강은 곱게
다진다. 냄비에 물
2컵을 붓고 찹쌀가루
2큰술을 넣고 풀어서
풀을 쑤어 차게 식힌다.

3
마른고추는 반으로
갈라 물에 담가
불렸다가 대충 썰어
믹서에 간다.

4
열무와 배추의 물기가
빠지면 그릇에 담고 간
고추와 풋고추, 다진
마늘, 생강, 실파를
넣고 고루 섞은 다음
소금으로 간한다. 식힌
찹쌀풀에 생수 8컵을
붓고 소금으로 간한
다음 넣고 섞는다.

5
냄비에 물을 넉넉히
붓고 끓으면
통밀국수를 넣어
삶는다. 우르르
끓어오르면 찬물을 한
컵 붓고 삶는다. 면이
다 익으면 찬물에 비벼
헹궈 사리를 짓는다.

6
쫄깃하게 삶은
통밀국수를 그릇에
담고 잘 익은
열무김치를 듬뿍 얹고
열무 물김치 국물을
부어 낸다.

열무, 풋배추의 풋내를 줄이려면?

열무는 초록빛이 돌고 작고 연한 것으로 고른다. 열무를 손질할 때는 누
렇게 변한 겉잎은 떼어내고 뿌리 부분의 무를 칼로 긁어 잔뿌리를 제거
한 후 4~5cm 길이로 썬다.
풋배추 역시 연한 것을 골라 밑동을 잘라내고 열무와 같은 길이로 자른
다. 열무와 풋배추는 물에 씻을 때도 살살 흔들어 씻고, 양념을 버무릴
때도 살살 다루어야 한다. 너무 세게 문질러 씻으면 풋내가 나고 질겨
지기 때문이다.

비빔냉면

쫄깃쫄깃한 면발에 매콤한 양념까지,
집에서도 맛깔스러운 냉면을 즐겨요

주재료

젖은 냉면	600g
양지머리 편육	100g
오이	1/2개
배	1/4개
달걀	1개
붉은고추	1개

비빔양념장

고춧가루	6큰술
고추장	1큰술
붉은고추	2개
사과	1/2개
양파	1/2개
레몬즙	2큰술
다진 마늘	1큰술
식초	2큰술
설탕	4큰술
꿀	2큰술
깨소금	1큰술
연겨자	1큰술
소금	약간

이렇게 만드세요

조리시간 초보 **45**분 고수 **35**분

1
양지머리를 덩어리째 찬물에 담가 핏물을 뺀 후 무르게 삶아 얇게 썬다.

2
오이는 굵은소금으로 문질러 씻은 다음 어슷하게 썬다.

3
달걀은 완숙해 동그랗게 자르고, 배는 어슷하게 썰어 설탕물에 담갔다 건진다. 붉은고추도 채썰어 놓는다.

4
믹서에 붉은고추와 사과, 양파를 넣고 곱게 갈아 그릇에 담고 고춧가루와 고추장, 레몬즙, 다진 마늘 등 양념을 넣어 양념장을 만든다.

5
젖은 냉면은 손으로 비벼 가닥을 떼어낸 다음 끓는 물에 소금을 넣고 삶는다. 젓가락으로 저어 서로 붙지 않도록 하고 끓어오르면 찬물을 붓고 다시 끓어오르면 체에 밭쳐 찬물에 비벼 씻는다. 사리를 지어 체에 밭쳐 물기를 뺀다.

6
냉면에 양념장을 반 넣고 고루 비빈 다음 그릇에 담고 준비한 편육, 오이와 배, 달걀을 얹은 다음 채썬 붉은고추로 장식하고 남은 양념장을 끼얹어 낸다.

비빔양념장의 감칠맛을 더하려면

비빔냉면의 맛을 좌우하는 건 비빔양념장. 조금 귀찮더라도 집에서 직접 비빔 양념장을 만들어 보자. 단, 양념장은 만들어서 바로 먹기보다는 모든 재료를 넣고 섞어 준 다음 시원한 곳에 두어 숙성시켜 먹는 것이 좋다. 밀폐용기에 담아서 냉장고에 2~3시간 넣어 두면 충분하지만, 하루 전에 만들어 놓아도 된다.
하루 정도 숙성시키면 각기 다른 맛들이 잘 섞여 뒷맛이 상큼하고, 깔끔하며 한층 깊은 감칠맛을 느낄 수 있다.

샤브샤브 국수

무더위에 입맛을 잃었다면, 쇠고기와
야채 샤브샤브를 시원하게 즐겨 보세요

주재료

생소면	300g
쇠고기(샤브샤브용)	150g
쑥갓	50g
오이	1/2개
당근	50g
깻잎	7장
치커리	약간

양념장

발효겨자	1/2큰술
식초	2큰술
간장	2큰술
고춧가루	2큰술
설탕	2큰술
다진 마늘	3큰술
참기름	1큰술
깨소금	1큰술
사과즙	6큰술
소금	약간

이렇게 만드세요

조리시간 ⏰ 초보 **40**분 ⏰ 고수 **30**분

1
쇠고기는
샤브샤브용으로 얇게
저민 것을 준비한다.

2
쑥갓은 흐르는 물에
씻어 물기를 빼놓고,
오이와 당근, 깻잎은
가늘게 채썰고,
치커리는 손으로
뜯어서 준비한다.

3
발효겨자에 식초를
넣고 잘 푼 다음 다른
양념들을 넣고 고루
섞어 양념장을 만든다.

4
끓는 물에 소금을 넣고
생소면을 삶아 찬물에
헹궈 체에 밭친 후
사리를 지어 물기를
뺀다.

5
국수 삶은 물에
샤브샤브용 쇠고기를
넣어 데친 다음 건져
식힌다.

6
그릇에 삶은 소면을
담고 데친 쇠고기와
야채를 보기 좋게 담은
다음 양념장을
끼얹는다.

고수의 비밀 노트

샤브샤브 쇠고기 데치기

샤브샤브용 쇠고기는 국수 삶은 물에 넣어 재빨리 익힌다. 쇠고기는 오
래 삶으면 근육이 단단해져서 질겨지기 때문. 샤브샤브용 고기는 특정
부위가 따로 있는 것은 아니다. 등심, 목심, 안창 부위가 주로 쓰이는데
정육 코너에 가서 샤브샤브용이라고 말하고 쇠고기를 비칠 정도로 얇
게 썰어 달라고 하면 된다.
쇠고기 대신 돼지고기로도 샤브샤브를 즐길 수 있다. 삼겹살 부위를 얇
게 썰어 사용하면 되는데, 부드럽고 고소한 맛이 일품이다.

토마토소스 파스타

파스타의 색다른 변신! 토마토의 신선한 맛이
그대로 살아 있어요

주재료
스파게티 국수 ·············· 300g
소금 ······················ 1큰술
향신채소 ··················· 약간

토마토소스
홀토마토 ················· 400g
생토마토 ·················· 2개
양파 ····················· 1/2개
당근 ······················ 60g
월계수잎 ··················· 1장
다진 마늘 ················· 1큰술
올리브유 ················· 2큰술
소금 ······················ 약간
후춧가루 ··················· 약간

이렇게 만드세요   조리시간 🕐 초보 40분 🕐 고수 30분

1
홀토마토는 체에 밭쳐
토마토 과육은 손으로
으깨어 놓고 토마토
과즙은 따로 받아 둔다.
잘 익은 생토마토는
껍질을 벗기고 잘게
썰어 놓는다. 양파와
당근도 곱게 다진다.

2
팬에 올리브유를
두르고 다진 마늘과
양파, 당근을 넣고 색이
노릇해지도록 볶는다.
향과 단맛이 나면 불을
약하게 하여 타지
않도록 주의하면서
충분히 볶는다.

3
여기에 홀토마토와
과즙, 생토마토,
월계수잎을 넣고
중불에서 은근히
끓인다.
소금·후춧가루로 간을
맞춘다.

4
맛이 어우러지면
월계수잎을 건져내고,
한김 식힌 후 믹서에
갈아서 준비한다.

5
넉넉한 물에 소금을
넣고 끓으면 스파게티
국수를 넣어 10~12분
정도 삶는다. 다
삶아지면 체에 밭쳐
물기를 뺀다.

6
그릇에 스파게티
국수를 담고 ④의
토마토소스를 부은
다음 신선한
향신채소를 얹어 낸다.

고수의 비밀 노트

스파게티 국수 건질 때 주의할 점

스파게티 면은 제대로 삶는 것만큼이나 건지는 것도 중요하다. 보통 국
수는 삶은 다음 찬물에 헹궈 식힌 다음 요리한다. 하지만 스파게티 면은
면이 다 익으면 그냥 체에 밭쳐 물기만 빼면 된다. 찬물에 헹구면 소스가
스파게티 면에 잘 스며들지 않아 겉돌 수 있다. 스파게티 삶는 시간과 소
스를 만드는 시간을 맞춰 체에 거른 스파게티를 바로 소스에 버무리면
가장 좋다. 만약 소스를 만들기까지 시간이 걸리면 삶아놓은 스파게티
에 올리브유를 조금 뿌려 놓는다.

비빔소면

잘 익은 배추김치와 아삭한 콩나물을 넣어 칼칼하고
매콤한 맛이 일품. 어른들에게도 인기만점이에요

주재료
소면	200g
배추김치 썬 것	2컵
콩나물	100g
상추	10장
깻잎	6장
구운 김	1장

콩나물 양념
소금 · 참기름	약간씩

김치 양념
설탕 · 참기름 · 깨소금	1/2큰술씩

양념장
고춧가루	2큰술
붉은고추 간 것	4큰술
양파 간 것	2큰술
레몬즙	2큰술
사과즙	2큰술
설탕	1/2큰술
물엿	1큰술
다진 마늘	1/2큰술
깨소금 · 참기름	1/2큰술씩
간장	1작은술

이렇게 만드세요

조리시간 초보 **40**분 고수 **30**분

1
배추김치는 속을
털어내고 송송 썰어
참기름과 깨소금,
설탕을 1/2큰술씩 넣고
무친다.

2
콩나물은 손질하여
소금을 넣고 삶은 다음
건져 물기를 빼 소금과
참기름을 넣고 무친다.

3
상추와 깻잎은 깨끗이
씻어 물기를 없앤 다음
가늘게 채썰고, 김도
구워서 채썬다.

4
분량의 양념장 재료를
넣고 잘 섞어 양념장을
만든다.

5
냄비에 물을 넉넉히
붓고 끓으면 국수를
넣고 삶아 찬물에 헹군
다음 사리를 짓는다.

6
삶은 국수와 콩나물,
양념해 놓은
배추김치와 상추,
깻잎에 양념장을 넣어
버무려 그릇에 담고
구운 김을 채썰어 얹어
낸다.

새콤달콤 고추장 양념장 만들기

흔히 고추장으로 양념장을 만드는 경우가 많은데, 고추장은 텁텁한 맛
이 강해 가벼운 맛을 내기 어렵다. 따라서 양념장을 만들 때는 붉은고
추를 갈아 사용하는 것이 좋다. 붉은고추가 없을 때는 고춧가루 4큰술
에 고추장 2큰술 정도 비율로 섞어 주면 텁텁한 맛을 줄일 수 있다.
양념이 너무 뻑뻑할 때는 탄산수를 조금 넣는다. 양념장을 미리 만들어
놓을 경우 참기름은 먹기 직전에 넣어야 고소한 향을 느낄 수 있다.

쌀국수 샐러드 & 피넛 드레싱

신선한 야채와 고소한 피넛 드레싱을 넣고 차갑게
비벼 먹는 색다른 쌀국수의 매력에 빠져 보세요

주재료

쌀국수	50g
새우	3마리
숙주	100g
당근	100g
오이	1/2개
그린비타민	50g
노란파프리카	1/2개

피넛드레싱

땅콩버터	4큰술
해선장	3큰술
탄산수	3큰술
설탕	1큰술
식초	1큰술
레몬즙	2큰술
생수	2큰술
다진 마늘	1작은술

이렇게 만드세요

조리시간　초보 **45분**　고수 **35분**

1
새우는 등 쪽의 내장을
제거하고 끓는 물에
소금을 넣고 데쳐
껍질을 벗긴 후, 옆으로
슬라이스한다.

2
숙주는 다듬어 체에
담아 끓는 물을 끼얹어
살짝 데쳐 찬물에 헹궈
놓는다.

3
당근과 오이, 노란
파프리카는 손질해
채썰고, 그린비타민은
찬물에 담가 놓는다.

4
쌀국수는 미지근한
물에 30분 정도 담가
두었다가 끓는 물에
30초 정도 삶아
건진다.

5
분량의 재료를 골고루
섞어 피넛 드레싱을
만든다.

6
접시에 쌀국수와
준비한 새우, 숙주,
당근, 오이,
그린비타민,
파프리카를 담은 후
드레싱을 끼얹어 낸다.

고수의 비밀 노트

쫄깃하게 쌀국수 삶기

밀가루 면보다 칼로리가 낮고 소화도 잘돼서 다이어트 식품으로 각광
받고 있는 쌀국수. 쉽게 부서지는 쌀국수는 삶기 전에 미지근한 물에
30분, 차가운 물에 1시간 정도 담가 쌀국수 색이 불투명해질 정도로 충
분히 불렸다가 살짝 데치듯 삶아야 특유의 쫄깃한 맛을 즐길 수 있다.
미리 불려놓은 쌀국수를 우동 삶을 때 사용하는 구멍 뚫린 국자에 담아
끓는 물에 넣었다 빼 얼음물에 헹구면 면발이 쉽게 끊어지지 않고 쫄깃
한 맛이 오래간다.

야채 쫄면

쫄깃하면서도 매콤한 맛이 입맛을 자극하는 쫄면!
주말 오후 냉장고에 있던 야채를 이용해 만들어 보세요

양념장

고추장	1과1/2큰술
고춧가루	4큰술
간장	1큰술
꿀	1큰술
양파즙	2큰술
사과 간 것	4큰술
다진 마늘	1/2큰술
설탕	2큰술
연겨자	1작은술
소금	약간

주재료

생쫄면	600g
미니채소	50g
당근	100g
달걀	1개
배	1/4개
사과	1/2개

이렇게 만드세요   조리시간   초보 30분   고수 25분

1
미니채소는 찬물에 담갔다 건져
놓고, 당근은 껍질을 벗기고 채썬다.
달걀은 완숙해 동그랗게 썰고 배와
사과는 깎아 가늘게 채썰어
설탕물에 담갔다 건진다.

2
양념장에 넣을 사과를 강판에 갈아
분량의 양념장 재료와 골고루 잘
섞는다.

3
쫄면은 한 가닥씩 떼어 끓는 물에
넣고 삶아 미끈거리는 것이 없어질
정도로 찬물에 비벼 씻은 다음 체에
밭쳐 물기를 뺀다.

4
그릇에 삶은 쫄면을 담고 준비한
미니채소와 당근, 배, 사과를 얹고
양념장을 끼얹는다. 그 위에 달걀을
얹어서 낸다.

고수의 비밀 노트

냉장 보관한 야채의 신선한 맛 살리기

냉장고에 야채를 잘 보관해도 시들기 마련이다. 이럴 때는 레몬즙을 떨어뜨린 차가운 물에 담가 두면 시들었던 잎이 되살아난다. 고명으로 사용하는 채썬
야채와 돌나물은 얼음물에 살짝 담갔다 건져 아삭한 맛을 살려 준다. 야채를 보관할 때 끓는 물에 소독한 숯을 함께 넣어 두면 쉽게 시들지 않는다. 너무 오
래 냉장고 속에 넣어 두었던 야채는 볶음이나 찌개할 때 부재료로 사용한다.

동치미 국수

아삭아삭 씹히는 동치미 무와 배, 살얼음 살짝 띄워
만든 시원한 국물이 여름 더위를 잊게 해요

주재료

생소면	400g
동치미무	1개
배	1/2개
오이	1개
달걀	2개
소금	약간

육수

동치미국물	8컵
탄산수	1컵
파인애플주스	1컵
설탕	약간

이렇게 만드세요

 조리시간 초보 35분 고수 30분

1 동치미무는 껍질을 깎고 가늘게 채썰고, 동치미국물은 탄산수와 파인애플주스를 섞어 준비한다.

2 배는 껍질을 깎아 가늘게 채썰어 설탕물에 담갔다 건지고, 오이도 소금에 문질러 씻은 다음 가늘게 채썰어 놓는다. 달걀은 반숙으로 삶아서 껍질을 벗긴 다음 반으로 자른다.

3 냄비에 물을 넉넉히 붓고 끓으면 국수와 소금을 넣고 끓어오르면 찬물을 넣고 다시 삶아 찬물에 헹군 다음 사리를 짓는다.

4 그릇에 삶은 소면을 담고 준비한 육수를 부은 다음 채썬 동치미무와 배, 오이, 달걀을 얹어 낸다.

고수의 비밀 노트

달걀노른자 가운데 오게 삶기

고명으로 얹는 달걀은 노른자가 가운데 와야 모양이 산다. 달걀을 들고 살살 흔들어 준 후 삶으면 노른자가 보기 좋게 가운데 온다. 달걀을 삶을 때 나무젓가락으로 살살 굴려 가며 삶아도 된다. 이때, 너무 세게 굴리면 달걀이 터질 수도 있으므로 천천히 굴려 준다. 물이 끓기 시작하면 흰자가 어느 정도 익은 것이므로 젓기를 멈춰도 된다. 동치미 국물에 과일주스나 사과나 배즙을 넣으면 시원한 맛이 나고 향도 좋아진다.

두반장소스 냉국수

매콤하면서도 달착지근한 맛이 나는 두반장소스.
냉국을 만들어 차가운 면을 말아 먹어도 좋아요

두반장 냉국

간장	4큰술
두반장	2큰술
식초	6큰술
레몬즙	4큰술
탄산수	4큰술
설탕	5큰술
참기름	2큰술
얼음물	2컵

주재료

생소면	400g
청경채	4개
오이	1/2개
햄	80g

이렇게 만드세요 조리시간 🕐 초보 30분 🕐 고수 25분

1
간장과 두반장, 식초 등 분량의
재료를 고루 섞어 두반장 냉국을
만들어 냉장고에 넣어 둔다.

2
청경채는 끓는 물에 소금을 넣고
살짝 데친 후 찬물에 헹구고,
오이는 4cm 길이로 잘라 채썰어
찬물에 담가 둔다. 햄은 뜨거운
물을 끼얹어 채썰어 둔다.

3
냄비에 물을 넉넉히 붓고 끓으면
생소면을 넣어 삶는다. 우르르
끓어오르면 찬물을 한 컵 부어 더
익힌다. 면이 다 익으면 찬물에
헹궈 사리를 짓는다.

4
그릇에 국수를 담고 위에 채썬
오이와 청경채, 햄을 얹는다. 차게
준비한 두반장 냉국을 끼얹고
얼음을 곁들인다.

고수의 비밀 노트

두반장으로 색다른 양념장 만들기

두반장은 누에콩을 발효시켜 만든 베이스에 붉은고추와 설탕·대두·마늘 등을 넣어 만든 것으로, 매콤한 맛의 사천요리에 흔히 쓰이는 중국식 고추장.
우리나라 고추장과 비슷한 매운맛을 내는데, 고기나 해산물을 매콤하게 볶을 때 사용하며 비린맛이 강한 생선을 조릴 때 사용하면 잡냄새를 없애 준다. 고
추장 대신 요리에 두반장을 넣으면 다른 양념을 적게 넣어도 돼 저칼로리 요리를 만들 수 있다.

골뱅이 냉라면

소면 대신 쫄깃한 라면을 사용해 만든 골뱅이 냉라면은
든든한 한 끼 식사도 되고, 술안주로도 그만이에요

주재료

라면	4개
골뱅이통조림	2컵
북어포	100g
실파	10대
치커리	20g
당근	80g
식초	약간

양념장

고춧가루	6큰술
식초	6큰술
사과즙	4큰술
다진 마늘	2큰술
설탕	4큰술
간장	4작은술
물엿	4작은술
깨소금	2큰술
소금	약간

이렇게 만드세요

조리시간 🕐 초보 25분 🕐 고수 20분

1 골뱅이는 반으로 자르고, 북어포는 잘게 찢어서 물에 살짝 적셔 둔다. 실파는 4cm 길이로 썰고, 당근도 가늘게 채썬다. 치커리는 손으로 적당히 떼어 놓는다.

2 분량의 재료를 넣고 섞어 양념장을 만든다.

3 라면은 끓는 물에 식초를 한 방울 넣고 면이 익도록 3~4분간 삶은 후, 얼음물에 담가 식힌다.

4 골뱅이와 북어포, 실파, 당근을 양념장으로 잘 버무린 다음 접시에 담고 옆에 삶은 라면과 치커리를 곁들여 함께 섞어 먹는다.

고수의 비밀 노트

통조림 골뱅이를 맛있게 먹는 법

골뱅이는 대부분 소면과 오징어를 더해 먹는데 소면 대신 봉지라면을 활용해도 좋다. 통조림으로 판매하는 골뱅이에는 이미 간이 되어 있으므로 따로 간을 하지 않아도 짭쪼름하다. 따라서 요리하기 전에 골뱅이를 체에 밭쳐 국물을 뺀 다음 끓는 물을 끼얹어 살짝 데치는 게 좋다. 통조림 국물 특유의 미끈거림도 없애고, 짠맛도 없애 담백한 맛을 더욱 살려 준다.

초라면

식초와 라면만 있으면 손쉽게 만들 수 있는 새콤한 맛의
초라면은 더위에 지친 입맛을 살려 줘요

주재료

라면	4개
무순	30g
오이	1개
당근	100g
오이피클	80g
노란파프리카	1개
통깨	약간
식초	약간

단촛물

식초	8큰술
물	4큰술
설탕	4큰술
소금	2작은술
참기름	1/2작은술

이렇게 만드세요   조리시간   초보 **25분**   고수 **20분**

1
식초, 설탕, 소금, 참기름을 넣고
고루 섞어 단촛물을 만든다.

2
오이와 당근, 노란파프리카는
가늘게 채썰어 찬물에 담갔다
건지고, 무순은 밑동을 자르고
찬물에 담근다. 오이피클도 둥글게
자른다.

3
끓는 물에 식초를 한 방울 넣고
라면을 넣어 3~4분간 삶은 후,
얼음물에 담가 식힌다.

4
면의 물기를 빼고 단촛물을 끼얹어
간이 배도록 버무린다. 여기에
준비한 야채를 얹고 통깨를 뿌려
완성한다.

고수의 비밀 노트

새콤한 단촛물 만들기

식초와 물, 설탕, 소금을 넣어 팔팔 끓여 사용해야 하는 야채 초절임과 달리 간단하게 소스로 활용하는 단촛물은 끓이지 않고 사용해도 좋다. 단, 야채에서
물이 나와 단촛물의 농도가 엷어지기 때문에 물을 식초보다 조금 적게 넣도록 한다. 요리를 내기 전에 단촛물에 참기름을 넣으면 식초의 자극적인 맛을 부
드럽게 해준다. 참기름을 너무 많이 넣으면 서로 어울리지 않아 느끼해지므로 아주 조금만 넣어 준다.

우동 초무침

훈제연어와 야채만 준비하세요. 새콤한 식초소스를
우동면에 버무리면 멋진 요리가 완성돼요

주재료

생우동	4인분
훈제연어	200g
무순	20g
붉은파프리카	1/2개
참외	1개
오이	1/3개

부침양념장

가쓰오육수	1/2컵
간장	3큰술
식초	2큰술
탄산수	1큰술
설탕	1과1/2큰술
매실액	2큰술
깨소금	1큰술
다진 실파	2큰술
고춧가루	1큰술

이렇게 만드세요 조리시간 초보 30분 고수 20분

1 훈제연어는 얇게 슬라이스하고,
무순은 밑동을 자르고 물에 담갔다
건지고, 파프리카와 오이, 참외는
채썰어 놓는다.

2 분량의 재료를 넣고 섞어
무침양념장을 만든다.

3 끓는 물에 생우동을 넣고 살짝 삶은
후 찬물에 헹궈 체에 밭쳐 물기를
뺀다.

4 접시에 훈제연어와 무순, 파프리카,
참외, 오이를 담고 삶은 우동을
곁들인 다음 무침양념장을 끼얹어
낸다.

고수의 비밀 노트

우동 면 끊어지지 않게 삶는 법

압축 포장되어 있는 시판 생우동을 삶을 때는 봉지에서 꺼낸 상태 그대로 끓는 물에 넣어 저절로 풀어지도록 해야 한다. 생우동 면발을 떼어 놓으려고 젓가
락으로 마구 저으면 면발이 뚝뚝 끊어져 어린 아이들이 먹기에는 좋을지 몰라도 요리를 완성했을 때 볼품이 없다. 따뜻한 우동을 만들 때는 삶기 전에 뜨거
운 물을 살짝 부어 헹궈 사용하면 기름기가 빠져 훨씬 담백한 맛을 낼 수 있다.

5 사먹지 말고 집에서 해먹자

메.이.의.

아이
간식

착색제, 탈색제, 팽창제, 유화제 등 과자나 가공식품에 들어 있는 식품첨가물의
유해성분이 아이들의 성장과 건강을 크게 위협하고 있다. 사탕은 몸의 혈당을
비정상적으로 높이는 정제당 덩어리, 껌은 신진대사를 교란시키는 향료투성이,
아이스크림은 각종 유해성분을 체액으로 스며들게 만드는 얼린 유화제, 그리고
아이들이 열광하는 햄과 소시지에는 인체에 치명적인 아질산나트륨이 가득….
아이의 입맛을 하루아침에 바꾸기는 어렵겠지만 엄마의 정성으로 패밀리레스토랑
요리를 우리집 식탁에 올리자.

프렌치어니언수프

달콤하고 부드러운 맛 때문에 전채요리로는 최고죠.
바게트를 넣어 맛과 영양을 더하세요

주재료

양파	2개
올리브유	1큰술
치킨브로스	1컵
물	1/2컵
바게트빵	2쪽
에멘탈이나 모짜렐라 치즈	약간

이렇게 만드세요

조리시간 초보 **40**분 고수 **20**분

1 양파는 가늘게 채썬다.

2 팬을 달군 후 올리브유를 두르고 채썬 양파를 노릇한 빛이 나도록 볶는다.

3 양파가 익으면 치킨브로스 1컵과 물 1/2컵을 부어서 팔팔 끓인다.

4 오목한 수프그릇에 팔팔 끓인 양파수프를 담고 바게트빵을 살짝 얹어 준다.

5 그 위에 에멘탈치즈 등 좋아하는 치즈를 듬뿍 뿌린다.

6 오븐을 브로일 기능에 맞추고 상단 최고 온도로 올린 다음 수프를 넣어 치즈가 노릇해질 정도로 10분간 굽는다.

고수의 비밀 노트 ## 치킨브로스의 다양한 응용

수프를 끓일 때 그냥 물보다는 육수를 사용하는 것이 좋은데, 육수로는 닭육수가 깔끔하고 담백하다. 하지만 요리를 할 때마다 닭육수를 끓일 수는 없는 법. 시판하는 치킨브로스를 사용하면 훨씬 간편하고 경제적이다.

치킨브로스가 남았을 경우엔 반드시 밀폐용기에 담아 냉장고에 보관해야 하며, 국이나 찌개를 끓일 때 물과 섞어 사용하면 맛이 좋아진다. 아이가 닭고기 알레르기가 있다면 치킨브로스 대신 당근, 호박, 양배추에 물을 부어 1시간 이상 끓인 채소육수를 사용하면 된다.

케이준치킨샐러드

달콤하고 싱그러운 과일드레싱이 담백하고 아삭한
케이준샐러드의 맛을 업그레이드해줘요

주재료
닭안심 ·················· 300g
정종 ····················· 3큰술
후춧가루 ··············· 약간
샐러드용 야채 ··········· 약간

조림장
간장 ····················· 2큰술
물엿 ···················· 1/2큰술
정종 ····················· 1큰술

키위소스
키위 ······················· 4개
올리브유 ················· 4큰술
설탕 ····················· 2큰술
식초 ····················· 2큰술
소금 ················· 1/2작은술

이렇게 만드세요

조리시간 🕐 초보 **50분** 🕐 고수 **20분**

1 닭안심은 깨끗이
손질해 정종과
후춧가루를 골고루
뿌려 30분간 재운다.

2 팬에 기름을 두르고
닭안심을 반 정도만
익힌다.

3 간장, 물엿, 정종을
섞은 조림장을 넣어
닭안심을 조리듯이
익힌다.

4 샐러드용 야채는
깨끗이 씻어 물기를
빼둔다.

5 분량의 소스 재료를
믹서나 핸드블렌더로
곱게 갈아 키위 소스를
만든다.

6 갈아 만든 키위소스를
야채에 뿌린 후
달콤하게 구운
닭고기를 얹는다.

고수의 비밀 노트 케이준샐러드엔 과일드레싱이 최고

케이준샐러드에 가장 잘 어울리는 소스는 과일드레싱. 과일 특유의
상큼함과 달콤함이 치킨샐러드를 더욱 맛있게 해준다. 드레싱에 쓸
과일로는 망고나 파인애플, 키위, 딸기 같은 달콤한 것이 좋다.
달콤한 맛보다는 깔끔한 맛이 좋다면 발사믹 드레싱을 만들어 보자.
발사믹식초 2큰술, 올리브유 4큰술, 설탕 1작은술, 소금 1/4작은술
을 넣어 잘 섞으면 다이어트에도 도움이 되는 발사믹비네거드레싱
이 완성된다.

코코넛슈림프

코코넛 슬라이스를 듬뿍 묻혀 구워 보기에도 먹음직스럽고
씹히는 맛도 색다르죠

주재료

중하	10마리
레몬즙	1큰술
소금 · 후춧가루	약간
코코넛 슬라이스	2컵
달걀	2개
밀가루	1컵
올리브유	약간

허니머스터드소스

마요네즈	3큰술
머스터드	1큰술
레몬즙	1큰술
꿀	1/2큰술

이렇게 만드세요

조리시간 초보 **30** 고수 **10분**

1 새우는 머리를 떼고 껍질을 벗긴 후 등 쪽의 내장을 빼내고 세로로 칼집을 넣는다.

2 손질한 새우는 레몬즙, 소금, 후춧가루를 뿌려 10분간 재워 놓는다.

3 접시에 밀가루, 달걀물, 코코넛 슬라이스를 담아 순서대로 새우에 묻힌다.

4 오븐용 팬에 올리브유를 바른 후 새우를 올려놓고 180℃로 예열한 오븐에 넣어 20~25분간 굽는다.

5 마요네즈, 머스터드, 레몬즙, 꿀을 잘 섞어서 허니머스터드소스를 만든다.

6 구운 새우를 보기좋게 담고 허니머스터드소스를 곁들여 낸다.

고수의 비밀 노트 **냉동새우는 레몬즙을 넣어 해동**

새우는 너무 작거나 크지 않은 중하가 가장 적당하다.
냉동새우를 이용할 때는 찬물에 레몬즙을 살짝 넣은 다음 새우를 담가 실온에 두어 해동하면 된다. 이렇게 하면 냉동새우라도 살이 탱탱하고 냄새가 나지도 않는다.
코코넛슈림프에 어울리는 드레싱은 허니머스터드소스와 칠리소스. 매콤하고 산뜻한 맛을 원할 때는 칠리소스가 제격이다. 마요네즈 3큰술, 타바스코핫소스 1작은술, 다진 피클 1/2큰술을 잘 섞어서 만들면 된다.

동남아식 치킨꼬치

커리 향이 가득한 닭고기 꼬치는 먹기 간단하고 재미있어
아이들이 좋아해요

주재료
닭가슴살 ·················· 500g

땅콩소스
땅콩 ·········· 1컵
올리브유 ·········· 2작은술
양파 ·········· 1개
마늘 ·········· 2쪽
생강 ·········· 약간
칠리파우더 ·········· 1/2큰술
커리파우더 ·········· 1/2큰술
큐민 ·········· 1작은술
코코넛밀크 ·········· 2컵
브라운슈거 ·········· 3작은술
라임즙 ·········· 1작은술
소금 ·········· 약간

이렇게 만드세요
조리시간 🕐 초보 **50분** 🕐 고수 **20분**

1
땅콩은 소금기가 없는
것으로 준비해 기름
없는 팬에 볶은 다음
잘게 다진다.

2
양파와 마늘, 생강도
잘게 다져 놓는다.

3
팬에 기름을 살짝 두른
다음 다진 양파를 넣어
투명해지도록 볶다가
다진 마늘, 다진 생강,
칠리파우더,
커리파우더, 큐민을
순서대로 넣어 2분간
약한 불에서 볶는다.

4
코코넛밀크,
브라운슈거, 라임즙,
소금을 더해 한 번 더
끓인 후 믹서에 곱게
갈아 땅콩소스를
만든다.

5
닭가슴살을 땅콩소스에
고루 버무려 30분 이상
재워 둔다.

6
꼬치에 닭가슴살을
끼운 다음 기름 두른
팬에서 앞뒤 노릇하게
굽는다.

고수의 비밀 노트 ## 다양한 용도의 땅콩소스

땅콩소스는 쇠고기나 돼지고기를 데쳐 찍어 먹는 용도로 사용해도
좋고, 바비큐용 고기를 재울 때 써도 특별한 맛이 난다. 땅콩 특유의
고소한 맛이 육류와 잘 어우러지기 때문이다.
땅콩소스는 냉장고에 넣어 두면 한 달 이상도 보관할 수 있다. 또 쓰
임새가 많으므로 예쁜 용기에 담아 선물을 해도 좋다.
향신료인 큐민은 독특한 풍미를 내지만 없다면 넛맥을 넣어도 되고,
코코넛밀크가 없는 경우엔 우유나 요구르트를 사용하면 된다.

아스파라거스베이컨그라탱

파마산치즈를 듬뿍 뿌린 그라탱으로 최고의
요리 맛에 도전해 보세요

주재료
아스파라거스 ············· 200g
베이컨 ····················· 5장
양파 ····················· 1/3개
파마산치즈 ················ 2컵

베사멜소스
밀가루 ····················· 1큰술
무염버터 ················· 1큰술
우유 ························· 1컵
생크림 ···················· 1/2컵
소금 ················· 1/2작은술

이렇게 만드세요

조리시간 초보 **30**분 고수 **10**분

1
팬에 밀가루와 버터를
넣어 볶다가 우유와
생크림, 소금을 넣어
베사멜소스를 만든다.

2
아스파라거스는 뜨거운
물에 10초만 데쳐
파릇한 상태로
준비한다.

3
베이컨은 프라이팬에
익힌 다음 키친타월에
올려 기름기를 뺀다.

4
양파는 얇게 채썰어
프라이팬에 살짝
볶는다.

5
내열용기에
아스파라거스, 양파,
베이컨을 먹음직스럽게
담는다.

6
그 위에 베사멜소스와
파마산 치즈를 뿌린 후
200℃로 예열된
오븐에 넣어 치즈가
녹을 때까지
5~10분간 굽는다.

고수의 비밀 노트
2종 이상의 치즈가 맛을 좌우

아스파라거스베이컨그라탱의 풍미를 더하려면 다양한 치즈를 사용
해보자. 오븐에 넣기 전 파마산치즈, 모짜렐라치즈, 체다치즈, 까망
베르치즈 등을 고루 섞어 뿌리면 치즈의 진한 맛과 향에 푹 빠지게
된다.
베사멜소스를 만들 때는 주로 무염버터를 사용하는데, 염분버터를
사용하려면 요리에 들어가는 소금의 양을 줄여야 한다.
아스파라거스가 비쌀 때는 파프리카, 껍질콩, 시금치 데친 것을 대
신 사용하는 것도 알뜰주부의 센스다.

버섯크림소스스파게티

부드럽고 고소하게 감기는 크림 맛에 버섯의 풍미까지
더해져 입맛을 사로잡아요

주재료

스파게티 국수	4인분
버섯	200g
양파	1/2개
마늘	2쪽
토마토	1개
올리브유 · 버터	2큰술씩
생크림	1컵
우유	1컵
파마산치즈	1/2컵
소금	1/5작은술
후춧가루	1/2작은술

이렇게 만드세요

조리시간 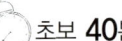 초보 **40**분 고수 **20**분

1 버섯은 깨끗하게 손질한 후 한입 크기로 자르고, 양파는 채썬다. 마늘은 편으로 썰어 준비하고 토마토는 껍질을 벗겨 큼직하게 자른다.

2 스파게티 국수는 냄비에 물을 넉넉히 붓고 소금을 조금 넣은 다음 알맞게 삶는다.

3 팬을 달군 후 올리브유와 버터를 넣어 녹인 다음 마늘과 양파, 버섯, 토마토 순으로 넣고 볶는다.

4 채소가 어느 정도 익으면 생크림과 우유를 넣어 잘 끓인다.

5 파마산치즈를 갈아 넣고, 소금과 후춧가루로 간을 한다.

6 익힌 스파게티 국수를 넣어서 고루 섞는다.

고수의 비밀 노트 ## 덩어리 치즈로 풍미 업그레이드

버섯크림소스스파게티에 가장 잘 어울리는 치즈는 파마산치즈. 갈아서 파는 제품도 있지만 치즈의 깊은 맛과 향을 즐기려면 덩어리 치즈를 사서 조리 직전 갈아쓰는 것이 좋다. 조리하고 남은 덩어리 치즈는 사용 후 단면에 와인을 바른 후 랩으로 싸서 냉장고에 넣어 두면 좋다. 파마산치즈 외에 고르곤졸라치즈도 독특한 풍미가 있으므로 응용해보자.
크림소스에는 우유와 생크림을 반반 넣는 것이 정석이지만 우유만 넣어도 된다. 조금 밋밋하지만 담백한 맛을 즐길 수 있다.

파프리카버섯리조또

파프리카, 버섯, 치즈가 고루 섞여 맛도 다양하고
영양도 고르게 섭취할 수 있어요

이렇게 만드세요

조리시간 🕐 초보 **50**분 🕐 고수 **20**분

1
쌀은 물에 씻어 체에
밭쳐 둔다.

2
양파는 곱게 다지고,
마늘은 편으로 자른다.
파프리카와 양송이는
채썰거나 한입 크기로
잘라 준비한다.

3
팬에 기름을 두른 다음
편으로 썬 마늘을 볶아
향을 내고 다진 양파를
넣어 볶는다.

4
양파가 투명해지면
쌀을 넣어 볶다가
화이트와인을 넣어 한
번 더 볶는다.

5
쌀이 눌러붙지 않도록
저어가면서 따뜻하게
해둔 치킨브로스와
물을 넣어 잘 볶아
익힌다.

6
쌀이 어느 정도 익으면
파프리카와 양송이,
파마산치즈를 넣어
완성한다. 그릇에 보기
좋게 담고 미니채소를
얹어 낸다.

고수의 비밀 노트 ## 육수는 따뜻한 상태로 이용

리조또에 사용하는 육수는 닭육수, 쇠고기육수, 채소육수 등 어떤
것이라도 좋다. 만일 육수를 만들 시간이 부족하다면 물을 사용하
되 소시지나 고기를 좀더 넣어 조리하도록 한다.
육수는 쌀을 볶는 도중 넣어야 하는데, 차가운 육수를 부으면 쌀이
너무 많이 퍼지므로 육수를 따뜻하게 한 다음 넣는다. 또한 육수를
조금씩 부어 가면서 계속 저어야 밥이 퍼지거나 눌어붙지 않는다.
리조또에 사용되는 쌀은 꼬들꼬들한 맛을 살리기 위해 절대 불리지
않는다는 것도 명심하자.

우메보시&참치주먹밥

출출할 때마다 하나씩 들고 먹는 재미가 좋아 아이들
간식으로 최고죠

주재료
밥	4인분
김	2장

우메보시소
우메보시	2~3알
가쓰오부시	1큰술

맛술	2작은술

참치소
참치캔	1개
다진 오이	2큰술
소금	1작은술
마요네즈	1큰술
고추냉이	1/2작은술
참깨	약간

소금물
물	1컵
소금	1작은술

이렇게 만드세요

조리시간 🕐 초보 **50분** 🕐 고수 **15분**

1 우메보시는 잘 다지고, 참치캔은 내용물은 꺼내 체에 밭쳐 기름기를 빼둔다.

2 우메보시 다진 것에 맛술, 가쓰오부시를 분량대로 넣고 잘 섞어 우메보시소를 완성한다.

3 기름 뺀 참치에 다진 오이, 소금, 마요네즈, 고추냉이, 참깨를 분량대로 넣어 잘 섞는다.

4 밥은 흰쌀밥으로 준비한다.

5 밥에 우메보시소와 참치소를 각각 넣어 주먹밥 모양으로 만든다.

6 손에 주먹밥이 달라붙지 않도록 모양을 내면서 김을 잘라 주먹밥 겉면에 두른다.

고수의 비밀 노트 ## 소금물 발라 모양내기

주먹밥은 맛도 중요하지만 모양도 중요하다. 밥을 쥐어 모양을 만들 때 밥알이 손에 달라붙는 것을 막으려면 참기름을 이용해도 좋지만, 참기름의 독특한 향을 싫어하는 경우엔 소금물이 제격이다. 물에 소금을 풀어 소금물을 만든 다음 손에 발라 밥을 뭉치면 밥에 간도 배고 손에 밥알이 붙지 않는다.

주먹밥 속재료로 김치나 연근도 잘 어울린다. 김치는 물기 없이 꼭 짠 다음 설탕, 참기름, 깨소금으로 양념해 쓰면 되고, 연근은 물에 데친 후 우메보시와 섞어 무치면 입맛 돋우는 소가 된다.

크렘블레

겉은 바삭하고 속은 부드러운 스위트 디저트의
맛에 푹 빠져 보세요

주재료(1인분)

생크림 ······················ 4큰술
우유 ························· 1큰술
달걀노른자 ················· 1개분
설탕 ························· 1큰술
흑설탕 ······················· 약간
물 ··························· 약간

이렇게 만드세요 · 조리시간 ⏰ 초보 **30**분 ⏰ 고수 **15**분

1 팬에 생크림과 우유를 섞어서 불에 올려 60℃ 정도로 따뜻하게 데운다.

2 다른 그릇에 달걀노른자와 설탕을 넣어 덩어리지지 않도록 잘 섞는다.

3 따뜻하게 데운 생크림과 우유에 설탕 섞은 달걀노른자를 조금씩 넣어 가며 고루 섞는다.

4 잘 섞은 크렘블레 재료를 체에 거른 다음 1인용 용기에 각각 담는다.

5 오븐용 팬에 물을 약간 부은 다음 크렘블레 재료를 넣어 180℃로 예열한 오븐에서 25~30분간 익힌다. 혹은 찜기를 이용해 쪄도 된다.

6 오븐에서 꺼낸 크렘블레 위에 황설탕을 뿌리고 토치를 이용해 캐러멜화한다. 완성된 크렘블레는 냉장고에 넣어 차갑게 한 후 먹는다.

고수의 비밀 노트 토치를 이용한 캐러멜화

토치는 일반 음식점에서 많이 볼 수 있는 휴대용 가스 점화기인데,
요즘엔 가정용으로도 많이 나와 있다. 토치를 이용해 황설탕을 녹
이면 설탕이 캐러멜화해 겉은 더욱 바삭해지고 노릇한 색감 때문에
입맛도 돋워 준다. 토치가 없을 경우엔 220℃로 예열된 오븐에 넣
어 설탕이 녹을 정도로만 살짝 구워 줘도 된다.
크렘블레에는 검은콩우유나 저지방우유, 두유 등 특수우유를 사용
하면 맛이 현저하게 떨어지므로 일반 흰우유가 가장 적당하다.

바나나커스터드

향긋하고 달콤한 커스터드 크림의 맛!
차갑게 해서 먹으면 더욱 맛있어요

주재료

바나나 ····················· 4개
달걀노른자················2개분
설탕 ····················· 4큰술
박력분 ·····················1큰술
우유 ·······················1컵
화이트와인 ············1~2큰술
바닐라빈 ···················약간
아몬드 슬라이스 ··········2큰술

이렇게 만드세요

조리시간 🕐 초보 **40**분 🕐 고수 **15**분

1
볼에 달걀노른자를
먼저 넣고 설탕을
조금씩 나눠 넣으면서
거품기로 잘 섞는다.

2
달걀노른자와 설탕이
고루 섞이면 박력분을
넣어서 덩어리지지
않도록 섞는다.

3
박력분이 고루
풀어졌으면 우유와
와인을 조금씩 넣어
고루 풀어가며 섞는다.

4
③을 냄비에 붓고 불에
올린 다음 바닐라빈을
넣어 눌어 붙지 않게
골고루 저어가며
커스터드 크림을
만든다.

5
잘게 자른 바나나를
커스터드크림에 넣어
잘 버무린 다음
냉장고에 넣어 둔다.

6
아몬드 슬라이스를
준비해 먹기 직전에
얹는다.

고수의 비밀 노트 ## 바닐라빈의 깊은 풍미

바나나커스터드의 풍미를 높이는 데 가장 중요한 것은 바닐라빈. 바
닐라빈은 자연 상태의 바닐라콩을 따서 그대로 말린 것으로 적은 양
으로도 바닐라의 달콤하고 향긋한 냄새를 풍부하게 낼 수 있다. 바
닐라빈이 없는 경우엔 바닐라 에센스를 사용하면 된다.
커스터드크림을 만들 때는 팔이 아프더라도 멈추지 말고 계속 저어
야 한다. 자칫하다간 눌어붙기 쉽고 그러다 보면 금세 밑바닥이 타
게 된다. 바나나 대신 싱그러운 딸기를 이용해 딸기커스터드를 만
들어도 봄날 입맛을 사로잡을 수 있다.

크램차우더

쫄깃하게 씹히는 조갯살과 부드러운 생크림이
조화를 이룬 이국적인 수프예요

주재료

조갯살	1/2컵
감자	1개
양파	1/2개
치킨브로스	1/2컵
물	1/2컵
생크림	1/2컵
우유	1/2컵
소금 · 후춧가루	약간씩

이렇게 만드세요

조리시간  초보 **40**분 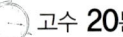 고수 **20**분

1 조개는 불순물을
제거하고 깨끗하게
씻어 체에 밭쳐 물기를
빼 둔다.

2 감자는 껍질을 벗기고
납작하게 썰어 둔다.

3 양파는 곱게 채썬다.

4 팬에 기름을 두르고
채썬 양파를 볶다가
양파가 투명해지면
감자와 조갯살을 넣어
마저 볶는다.

5 치킨브로스와 물을
넣고 뭉근하게 끓인다.

6 우유와 생크림을 넣고
한 번 더 끓이다가
소금과 후춧가루로
간을 맞춘다.

고수의 비밀 노트
크램차우더의 포인트는 조개

크램차우더에 조갯살을 넣으면 쫄깃하게 씹히는 맛과 독특한 풍미
가 입맛을 돋운다. 조갯살 중에서는 맛이 부담스럽지 않은 모시조
개와 맛조개가 최고. 하지만 제철조개를 구할 수 있다면 어떤 조개
를 사용해도 좋다. 조갯살은 손질을 제대로 하지 않으면 이물질이
씹혀 입맛을 버린다. 번거롭긴 해도 해감은 물론 조갯살에 붙어 있
는 이물질과 껍질 등을 손으로 일일이 제거해주어야 한다. 조갯살
은 살이 연한 편이므로 마구 문질러 손질하는 것은 금물. 살이 부서
지지 않도록 조심스럽게 손질한다.

웨지포테이토

알 굵고 수분 적은 감자만 있다면 바로 만들 수 있는
손쉬운 웨스턴 요리예요

이렇게 만드세요

조리시간 ⏰ 초보 **40**분   ⏰ 고수 **20**분

1
감자는 껍질을 벗기지
않고 깨끗하게 씻어
둔다.

2
감자를 반으로 자른
다음 웨지 모양이
되도록 썬다.

3
냄비에 물을 붓고 웨지
모양의 감자를 넣어 반
정도만 익도록 삶는다.

4
삶은 감자에
올리브유를 넣어 고루
버무린다.

5
스테이크시즈닝
1큰술(또는 허브솔트
1작은술)과
파프리카파우더
1작은술, 후춧가루
1작은술을 감자 위에
뿌려 잘 버무린다.

6
190℃로 예열한
오븐에 넣어 15분간
익힌다.

고수의 비밀 노트 **큼직하게 잘라 맛과 멋을!**

웨지포테이토의 핵심은 웨지 스타일로 멋을 낸 감자 모양. 웨지 모
양을 잘 내기 위해서는 통감자를 반으로 잘라 잘린 면을 바닥에 놓
고 사선으로 3~4등분하면 된다.
웨지포테이토에 쓰이는 감자는 수분이 적은 종류로 골라 10분 정도
삶은 후 양념해 오븐이나 프라이팬에 구워야 포슬포슬한 맛을 제대
로 느낄 수 있다.
향신료로 쓰이는 스테이크시즈닝이 없다면 허브솔트를, 파프리카
파우더가 없다면 고운 고춧가루를 원래 양의 반만 넣어 대체한다.

치즈나초

다양한 맛의 소스를 옥수수칩에 올려
한입에 쏙쏙 넣으면 먹는 재미가 쏠쏠해요

주재료
옥수수칩 ····················· 2컵
스프레드형 체다치즈 ······· 1/2컵
사워크림 ····················· 2큰술
아보카도소스
아보카도 ····················· 1개
소금 ···················· 1/5작은술
후춧가루 ····················· 약간

레몬즙 ···················· 1/2큰술
토마토살사소스
토마토 ························ 1개
양파 ························· 1/3개
올리브유 ····················· 1큰술
바질 ························ 2~3장
소금 ···················· 1/2작은술
설탕 ···················· 1/2작은술
후춧가루 ····················· 약간

이렇게 만드세요

조리시간  초보 **50분** 고수 **15분**

1
아보카도는 잘 익은 것으로 골라 곱게 으깬 다음 소금과 후춧가루, 레몬즙을 넣어 고루 섞어 아보카도소스를 만든다.

2
토마토는 껍질을 벗긴 다음 잘게 다지듯 썰고 양파도 곱게 다진다.

3
토마토와 양파, 올리브유, 바질, 소금, 설탕, 후춧가루를 고루 섞어 토마토살사소스를 만든다.

4
스프레드형 체다치즈는 전자레인지에 넣고 1분 정도 돌려 따뜻할 정도로 데운다.

5
사워크림 2큰술은 따로 덜어 놓는다.

6
옥수수칩에 따뜻하게 데운 체다치즈, 아보카도소스, 토마토살사소스, 사워크림을 곁들여 낸다.

고수의 비밀 노트 신선한 아보카도 고르기가 핵심

맛있는 아보카도소스를 만들기 위해선 신선한 아보카도를 고르는 것이 우선. 짙은 녹색에 손으로 눌러 보았을 때 움푹 들어가지 않는 것이 좋다. 잘 익은 아보카도라야 반으로 가른 후 씨를 빼낼 때 육질이 으깨지지 않는다. 만일 덜 익은 아보카도를 구입했다면 전자레인지에서 5분간 돌려 주면 손질하기 쉬운 상태로 바뀐다.
나초 요리에 빼놓을 수 없는 사워크림은 시판용도 많지만, 집에서도 비슷한 맛의 사워크림을 만들 수 있다. 플레인요구르트에 레몬즙을 넣어 잘 섞으면 시판 사워크림 못지않다.

채소토마토소스스파게티

채소 싫어하던 아이들도 스파게티로 만들어 주면
가려내는 것 없이 잘 먹어요

이렇게 만드세요
조리시간 ⏰ 초보 **40분** ⏰ 고수 **15분**

1
호박, 가지, 파프리카,
양파는 큼직하게 썬다.

2
팬에 오일을 두르고
다진 마늘을 먼저
볶다가 양파, 호박,
가지, 파프리카 순으로
넣어 한 번 더 볶는다.

3
채소들이 어느 정도
익으면 토마토소스를
넣어 끓이면서 소금과
후춧가루를 넣어 간을
맞춘다.

4
소스 재료가 고루
섞이고 익으면 바질을
잘게 잘라서 넣는다.

5
스파게티 국수를
넉넉한 물에 삶아
건진다.

6
삶은 스파게티 국수를
토마토소스에 넣어 잘
버무린다.

고수의 비밀 노트 **홈메이드 토마토소스 만들기**

토마토 2개, 바질 3장, 오레가노 약간, 소금 1/3작은술, 후춧가루
1/5작은술을 준비하자. 토마토를 끓는 물에 데쳐 껍질을 벗긴 다음
곱게 갈아 바질, 오레가노, 소금, 후춧가루를 넣어 20분 정도 뭉근
하게 끓이면 토마토소스가 완성된다. 소독한 병에 넣어 냉장고에 보
관하면 언제든지 신선하게 즐길 수 있다.
스파게티 국수는 국수 양의 6배의 끓는 물에 소금을 약간 넣은 다
음 10~12분 정도 삶으면 알맞다.

불고기도리아

달콤짭짤한 불고기와 부드럽고 쫄깃한 치즈의
만남. 세계적인 퓨전요리가 돼요

주재료

쇠고기(다릿살)	200g
밥	2공기
버터	1큰술
파마산치즈	1컵
모짜렐라치즈	1컵

고기양념

간장	2큰술
설탕	1큰술
맛술	1큰술
정종	1큰술
후춧가루	약간

베사멜소스

밀가루	1큰술
무염버터	1큰술
우유	1컵
생크림	1/2컵
소금	1/2작은술

이렇게 만드세요

조리시간 초보 **40**분   고수 **20**분

1 팬에 밀가루, 버터를 볶다가 우유와 생크림, 소금을 넣어 베사멜소스를 만든다.

2 쇠고기는 다릿살을 준비해서 한입 크기로 썰어 둔다.

3 쇠고기에 고기양념 재료들을 모두 넣어 조물조물 버무린다.

4 팬에 버터 1큰술을 녹인 다음 양념한 쇠고기를 넣어 볶는다.

5 고기가 어느 정도 익으면 밥을 넣어 양념이 고루 배도록 잘 볶는다.

6 오븐용 내열용기에 볶음밥을 담고 베사멜소스를 뿌린 다음 파마산치즈와 모짜렐라치즈를 듬뿍 얹어 190℃ 오븐에서 15분 동안 굽는다.

고수의 비밀 노트 베사멜소스 대신 우유를~

베사멜소스는 요리 재료들의 맛이 잘 어우러지도록 하고 전체적인 맛을 부드럽게 해 주는 효과가 있다. 불고기도리아에서도 베사멜소스는 밥과 치즈가 잘 어우러지도록 하는 역할을 한다. 베사멜소스를 만들 때는 버터를 녹인 후 밀가루를 넣어 갈색이 될 때까지 계속 저어 주면서 볶다가 우유와 생크림을 넣어 거품기로 멍울이 생기지 않도록 섞으면서 끓이면 된다.
베사멜소스 대신 흰우유를 써도 되는데, 우유를 쓸 때는 베사멜소스 양의 1/2만 넣어야 요리가 질척해지지 않는다.

B.L.T. 샌드위치

손 빠른 주부들은 15분이면 뚝딱 만들 수 있는
간편하고 맛 좋은 스테디셀러 메뉴죠

주재료
식빵 · 8장
양상추 · · · · · · · · · · · · · · · · · · 1/2통
토마토 · · · · · · · · · · · · · · · · · · · 2개
베이컨 · · · · · · · · · · · · · · · · · · · 10장
달걀 · 4개
소금 · 약간
후춧가루 · · · · · · · · · · · · · · · · · · 약간
마요네즈 · · · · · · · · · · · · · · · 4큰술
머스터드 · · · · · · · · · · · · · · · 4큰술

이렇게 만드세요 조리시간 초보 **50**분 고수 **15**분

1 식빵은 오븐이나 프라이팬에서 앞뒤로 바삭하게 굽는다.

2 양상추는 찬물에 담가 아삭하게 한 다음 물기를 완전히 뺀다.

3 토마토는 0.5cm 두께로 단면이 보이도록 동그랗게 썬다.

4 베이컨은 식빵 길이에 맞춰 잘라 팬에 구운 다음 기름기를 완전하게 뺀다.

5 달걀은 노른자를 터뜨려 소금, 후춧가루를 살짝 뿌린 다음 프라이한다.

6 식빵 한 면에 마요네즈를 얇게 바른 다음 양상추, 토마토, 베이컨, 달걀 순으로 얹고 한쪽 면에 머스터드를 바른 식빵으로 덮는다.

고수의 비밀 노트 ## 저칼로리 웰빙 샌드위치 만들기

아이들의 영양 간식이나 가족들의 피크닉 메뉴로도 자주 응용되는 B.L.T. 샌드위치. 하지만 맛을 높이기 위해 많은 재료들을 넣다 보면 칼로리가 높아지는 것이 단점. 이럴 때는 샌드위치 빵은 곡물식 빵이나 저칼로리 식빵으로 고르고, 베이컨은 팬에 익혀 키친타월에 올려 기름기를 빼거나 끓는 물에 살짝 데쳐 사용하면 칼로리가 반으로 줄어든다.
토마토 역시 살짝 데쳐 영양소의 흡수율을 높이고, 양상추 외에 양배추나 셀러리 등을 넣어 섬유소 섭취를 늘려도 좋다.

홈메이드미니버거

모닝롤 사이에 여러 가지 재료가 푸짐하게
들어 있는 엄마표 간식의 대표주자죠

주재료

모닝롤	10개

쇠고기 패티

쇠고기 간 것	300g
양파	1/2개
비스킷 다진 것	4개분
후춧가루	1/2작은술
소금	1/3작은술
우스터소스	1큰술

부재료

토마토	1개
양상추	10장
양파	1/2개
피클	10개
마요네즈	2큰술

이렇게 만드세요

조리시간 초보 **60**분 고수 **20**분

1 쇠고기 간 것을 키친타월에 올려 핏물을 뺀다.

2 양파는 다진 후 갈색이 되도록 팬에서 볶아 준다.

3 간 쇠고기에 볶은 양파, 다진 비스킷, 후춧가루, 소금, 우스터소스를 넣어 고루 섞은 다음 동그랗게 모양을 내어 빚는다.

4 모닝롤 크기로 빚은 쇠고기 패티를 팬에서 완전히 익힌다.

5 모닝롤은 반으로 갈라 안쪽 면을 살짝 굽는다.

6 모닝롤 안쪽 면에 마요네즈를 바르고 쇠고기 패티와 토마토, 양상추, 양파, 피클 등을 보기 좋게 얹는다.

고수의 비밀 노트 ## 바삭한 모닝롤 굽기가 우선

모닝롤이나 햄버거 빵을 반으로 자른 다음 단면에 버터를 살짝 발라 오븐이나 프라이팬에서 구우면 바삭한 질감 때문에 햄버거가 더욱 맛있다. 햄버거 맛을 좌우하는 것은 쇠고기 패티. 보통은 간편하게 조리하기 위해 갈아 놓은 고기를 사서 사용하지만, 시중에서는 대부분 여러 부위를 섞어 갈기 때문에 맛과 향이 떨어진다. 집에서 조리할 때는 질 좋은 쇠고기 안심을 사서 직접 갈아 쓰도록 한다.
쇠고기 패티는 익으면 크기가 줄어들므로 빵 크기보다 0.5cm 크게 빚는다.

바비큐립

몇 가지 팁만 알면 패밀리 레스토랑 바비큐립
따라 하는 건 시간 문제예요

주재료

돼지등갈비	2대
월계수잎	2장
통후추	1큰술
맥주	1캔
통마늘	5개
물	7컵

립소스

바비큐소스	1컵
케첩	1/4컵
스위트칠리소스	1/4컵
간장	1큰술
정종	1큰술
우스터소스	1큰술
설탕	1큰술
꿀	1큰술
사과 간 것	1/2컵
다진 양파	1/2컵
다진 마늘	1큰술

이렇게 만드세요

조리시간 ⏰ 초보 **60분** ⏰ 고수 **30분**

1
등갈비는 찬물에
잠기도록 담가 핏물을
완전히 뺀다.

2
냄비에 등갈비,
월계수잎, 통후추,
맥주, 통마늘을 넣은
다음 등갈비가 푹
잠기도록 물을 부어
삶는다.

3
등갈비를 삶는 동안
분량의 소스 재료를 잘
섞은 다음 끓여서
립소스를 완성한다.

4
등갈비가 잘
삶아졌으면 립소스를
골고루 바른 다음
냉장고에 넣어 2시간
정도 재워 둔다.

5
재워 두었던 등갈비를
190℃로 예열한
오븐에서 15분간
굽는다.

6
등갈비를 오븐에서
꺼내 립소스를 다시 한
번 바른 다음 200℃로
예열한 오븐에서
5~10분간 굽는다.

고수의 비밀 노트 **맥주 이용한 냄새제거&연화작용**

등갈비구이는 남녀노소 누구나 좋아하는 요리지만, 자칫 잘못하면
누린내가 나서 맛이 떨어진다. 일단 요리하기 전에 찬물에 1시간 이
상 담가 핏물을 빼고, 초벌로 삶을 때 각종 향신료와 맥주를 넣는다.
맥주를 넣으면 잡냄새를 없애는 것은 물론 고깃살이 연해진다. 맥
주는 신선한 것은 물론 김이 빠진 맥주 등 어떤 것이라도 좋다.
고기를 굽기 전에 삶아 주면 조리 시간도 줄이고 잡냄새도 완벽하
게 없애 준다. 양념을 발라 처음부터 오븐에서 익히려면 양념은 타
고 갈비의 속살은 익지 않아 요리를 망치기 쉽다.

서로인스테이크

레드와인소스로 깊은 풍미를 더하고 살짝 익힌
채소를 곁들여 맛의 조화를 느껴 보세요

주재료
쇠고기 등심 ····················300g
당근 · 무 · 호박 ··········약간씩
미니채소 ·······················약간

레드와인소스
양파 ·····························1/2개
마늘 ·······························4쪽
레드와인 ·························1컵
토마토소스 ··················1/4컵
우스터소스 ················1큰술
간장 ···························1큰술
버터 ···························1큰술
소금 ·······························약간
후춧가루 ·······················약간

이렇게 만드세요

조리시간  초보 **60**분 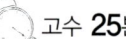 고수 **25**분

1
마늘은 저미고, 양파는
채썰어 준비한다.

2
쇠고기는 등심으로
준비해서 저민 마늘,
채썬 양파와 함께
레드와인에 담가
냉장고에 반나절 이상
둔다.

3
팬에 기름을 살짝 두른
다음 쇠고기를 센
불에서 앞뒤로 익힌다.

4
팬에 고기를 재웠던
양파, 마늘, 와인을
넣고 바글바글
끓이다가 토마토소스,
우스터소스, 간장,
버터를 넣어 끓인다.
소금, 후춧가루로 간을
맞춰 레드와인소스를
만든다.

5
당근, 무, 호박은 한입
크기로 썰어 끓는 물에
살짝 데친 다음 버터를
넣어 볶아 익힌다.

6
접시에 고기와 채소를
예쁘게 담고 그 위에
소스를 뿌리고
미니채소를 올려
장식한다.

고수의 비밀 노트 **부드러운 곁들임 채소**

서로인스테이크는 서양 스테이크의 가장 기본이 되는 메뉴이다. 서
로인스테이크에는 끓는 물에 데친 다음 버터에 살짝 볶은 채소를 곁
들이는데, 이렇게 하면 채소의 맛과 향이 좋아져 스테이크와 환상
적인 궁합을 이룬다.
채소는 한입 크기로 잘라 모서리 부분을 조금씩 도려낸다. 모서리
각이 있는 상태에서 볶으면 으깨지기 쉽고 모양도 예쁘지 않기 때
문이다.
서로인스테이크와 어울리는 채소는 호박, 당근, 무, 연근 등이다.

간장떡볶음

자극적인 양념 대신 간장양념을 이용하면 떡볶음이
어느새 궁중요리로 변신해요

주재료

떡볶음용 떡	300g
쇠고기	100g
양파	1/2개
당근	1/3개
표고버섯	4개
파프리카	1/2개
올리브유	약간

고기양념

간장	1큰술
설탕	1/2작은술
후춧가루	약간

떡볶음양념

간장	2큰술
설탕	1/2큰술
정종	1큰술
맛술	1큰술
후춧가루	약간
참기름	약간

이렇게 만드세요

조리시간 초보 **40**분 고수 **15**분

1
쇠고기는 채썰어
간장과 설탕, 후춧가루
등 고기양념을 넣어
조물조물 무친다.

2
떡볶음용 떡은 끓는
물에 데쳐 부드럽게
해둔다.

3
팬에 올리브유를 살짝
두르고 양념한
쇠고기를 볶는다.

4
양파, 당근, 표고버섯,
파프리카는 모두
채썰어 프라이팬에서
볶다가 떡을 넣는다.

5
채소와 떡이 고루
섞이면 참기름을
제외한 떡볶음양념을
모두 넣어 볶는다.

6
떡이 완전하게 익으면
참기름을 넣고 고루
섞는다.

고수의 비밀 노트 ## 이색적인 떡볶음 맛내기

떡볶음은 보통 고추장양념장으로 하지만, 간장양념장으로 하면 좀
더 고급스러운 맛을 느낄 수 있다. 간장떡볶음을 궁중떡볶이라 하
는 것만 봐도 그 고급스럽고 특별한 맛이 짐작된다. 이 밖에도 취향
에 따라 여러 가지 양념장을 이용해 색다른 떡볶음을 만들어 볼 수
있다. 특히 아이들을 위해서라면 케첩, 우스터소스, 칠리소스를 이
용해 새콤달콤한 맛을 내보는 것도 좋다. 하지만 시판용 소스들은
자극적인 맛이 강하므로 고추장양념장이나 간장양념장에 조금만 가
미해 맛과 향에 변화를 주는 정도가 바람직하다.

허니토스트

토핑 재료를 예쁘고 먹음직스럽게 올리면
멋진 케이크도 부럽지 않아요

주재료

자르지 않은 통식빵	1/2개
버터	2큰술
크림치즈	4큰술
꿀	4큰술
아이스크림	4~6큰술
생크림	4큰술
슈거파우더	약간
각종 과일	적당량

이렇게 만드세요 조리시간 ⏰ 초보 **40**분 ⏰ 고수 **15**분

1
통식빵은 5cm 두께로 잘라
윗부분만 속을 1cm 파낸다.

2
파낸 속에 버터를 발라 200℃
오븐에서 5분간 노릇하게 굽는다.

3
구운 빵에 크림치즈를 골고루 바른
다음 다시 한 번 5분간 굽는다.

4
오븐에서 꺼낸 빵에 꿀이나 시럽을
뿌린 후 과일을 얹고 취향에 따라
아이스크림이나 생크림,
슈거파우더를 뿌려서 먹는다.

고수의 비밀 노트 **아이스크림과 과일로 미감 업그레이드**

달콤하고 부드럽게 씹히는 맛 때문에 아이들이 좋아하는 허니토스트. 식빵만 있으면 손쉽게 만들 수 있어 솜씨 없는 주부들도 편하게 도전할 수 있다. 허니
토스트를 만든 후에는 아이스크림이나 생크림, 제철과일을 얹어 모양을 내고 다양한 맛을 더해 보자. 통밀식빵이나 곡물식빵을 이용하면 맛과 영양을 더욱
높일 수 있다.

핫윙

오븐에 구운 닭날개를 매운소스에 버무린 요리.
시판소스를 이용하면 만들기 쉬워요

밑간
소금 ························· 약간
흰후춧가루 ················ 약간

매운소스
칠리소스 ················· 2큰술

주재료
닭날개 ···················· 6개 | 핫소스 ·············· 1/2큰술
버터 ···················· 2큰술 | 식초 ·············· 1/2큰술
밀가루 ················· 1/6컵 | 소금 · 후춧가루 ········ 약간씩

이렇게 만드세요 `조리시간` ⏰ 초보 **45**분 ⏰ 고수 **30**분

1
닭날개는 씻어 물기를 빼고 두세
군데 칼집을 넣는다. 그런 다음
분량의 밑간으로 버무리고 밀가루를
묻힌 다음 여분의 가루는 털어낸다.

2
소스 재료를 분량대로 섞어
매운소스를 만든다.

3
버터를 녹여 밀가루옷 입힌
닭날개에 뿌리고 120℃로 예열된
오븐에 넣어 굽는다.

4
바삭하게 구운 닭날개를
매운소스에 버무린다.

`고수의 비밀 노트` **닭날개에 양념이 잘 배게 하려면**

닭 날개에 칼집을 넣는 이유는 고기가 빨리 익고 양념의 맛도 잘 배기 때문이다. 닭 날개를 구울 때는 예열된 오븐에서 10분 정도 굽다가 뒤집어서 10분 정
도 구워야 골고루 익고 맛도 좋다. 어른들 술안주나 간식으로 만든다면 밑간양념에 흰포도주 1/2큰술을 섞으면 색다른 맛을 즐길 수 있다. 닭 날개는 한 팩
(500g-20개가량)에 4,900원 정도 한다.

단호박샐러드

단일 메뉴로도 좋지만, 샌드위치나 춘권 속에 넣어 색다르게 즐겨 보세요

주재료

단호박 ····················1/2개
건포도 ····················2큰술
사과·····················1/4개
마요네즈 ················· 2큰술
플레인요구르트 ··········2큰술
머스터드 ·················1작은술
설탕·····················1작은술

이렇게 만드세요   조리시간 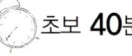 초보 40분 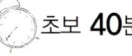 고수 15분

1 단호박은 반으로 갈라 속을 깨끗하게 빼낸다.

2 손질한 단호박은 찜통에 넣어 무르도록 푹 찐다.

3 푹 쪄낸 단호박을 곱게 으깬다.

4 으깬 단호박에 건포도와 잘게 썬 사과, 마요네즈, 플레인요구르트, 머스터드, 설탕을 잘 섞어 모양을 만든다.

고수의 비밀 노트 **차갑게 한 후 서빙하는 센스**

디이어트식으로, 아이들의 영양 간식으로, 코스요리의 전채메뉴로도 좋은 단호박샐러드. 단호박샐러드는 샐러드로 먹어도 맛있지만, 샌드위치나 춘권, 크레이프에 소로 넣어도 참 맛있다. 차가운 상태에서 먹어야 단호박 고유의 단맛과 담백함이 듬뿍 느껴지므로 완성 후에는 반드시 냉장고에 넣어 두도록 한다. 맵거나 자극적인 메인 메뉴와 잘 어울린다.

통감자치즈구이

패밀리레스토랑에 가면 꼭 시키는 기본 메뉴.
이젠 집에서 만들어 보세요

주재료

감자·····················4개
아스파라거스···············8개
베이컨······················2장
크림치즈················4큰술
슬라이스치즈··············4장

이렇게 만드세요 조리시간  초보 **40분**  고수 **15분**

1
감자는 껍질째 깨끗하게 씻어서 전자레인지나 찜기에 넣어 속까지 익도록 푹 찐다.

2
아스파라거스는 끓는 물에 살짝 데치고 베이컨은 잘게 다져 볶아 놓는다.

3
찐 감자는 십자로 칼집을 낸 다음 그 사이에 크림치즈 1큰술을 넣는다.

4
크림치즈 위에 아스파라거스와 베이컨을 올리고 슬라이스 치즈를 잘게 다져 올린 다음 200℃ 오븐에서 5~10분간 굽는다.

고수의 비밀 노트 **수분 적고 크기 큰 감자가 제격**

통감자치즈구이에 쓰이는 감자는 수분이 적고 크기가 큰 것으로 골라야 포슬포슬하고 볼품도 있다. 감자 대신 단맛이 도는 고구마나 단호박을 같은 방법으로 조리해도 맛있다. 보통은 크림치즈를 많이 올리지만 사워크림을 얹어도 부드럽고 산뜻한 맛이 난다. 채소는 아스파라거스 대신 산뜻한 푸른빛이 도는 그린빈이나 브로콜리를 사용해도 좋다.

또띠아스틱

칼로리가 적고 바삭바삭 맛있어
아이들 야식으로 딱이에요

주재료
또띠아 ·······················5장
올리브유 ·················3큰술
모짜렐라치즈 ··············200g
잘게 다진 호두············1/3컵

이렇게 만드세요 조리시간   초보 **40**분   고수 **15**분

1 또띠아는 2~3cm 폭으로 길게 잘라 준다.

2 또띠아에 올리브유를 살짝 바른 다음 180℃로 예열한 오븐에서 10분간 굽는다.

3 바삭하게 구워진 또띠아에 치즈와 잘게 다진 호두를 올린다.

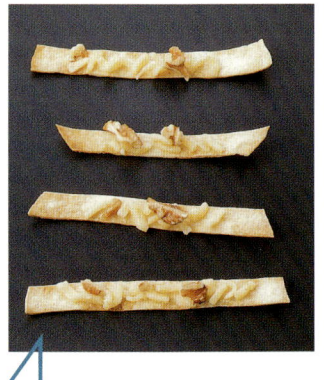

4 200℃로 예열된 오븐에서 치즈가 녹도록 5분간 굽는다.

고수의 비밀 노트 **풍미 짙은 치즈와 견과류의 조화**

또띠아는 시중에서 많이 판매하는 스낵으로 조금만 색다르게 조리해도 다양한 맛을 낼 수 있다. 또띠아는 이미 구워진 상태로 판매되기 때문에 너무 많이 구울 필요는 없다. 조리 재료를 얹어 10~15분 정도만 구우면 되는데 고르곤졸라치즈나 에멘탈치즈, 잣가루, 토마토소스를 얹어 조리하면 맛좋은 간식용 스낵이 완성된다.

피자바게트

하나씩 들고 먹기 좋은 피자.
도시락으로, 간식으로, 별식으로 모두 좋아요

주재료

바게트빵 ·················1/2개
버터 ····················1큰술
양파 ····················1/3개
파프리카 ··················1/3개
양송이 ···················3개
피자치즈·················1컵
토마토소스 ···············1/2컵

이렇게 만드세요

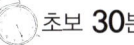 조리시간 🕐 초보 **30**분 🕐 고수 **15**분

1
바게트빵은 반으로 잘라 준비한다.

2
빵의 잘라진 면에 버터를 발라 200℃ 오븐에서 바삭하게 굽는다.

3
구워진 빵에 토마토소스를 골고루 바른다.

4
양파는 다지고 파프리카와 양송이는 작게 잘라 빵 위에 올린 다음 피자치즈를 듬뿍 올려 180℃의 오븐에서 10분 동안 굽는다.

고수의 비밀 노트 **식습관 고치는 메뉴로 최고**

피자도우를 집에서 만들기는 어려운 일. 이때는 바게트나 식빵을 이용해 보자. 바게트의 딱딱한 맛이 싫다면 좀더 부드럽고 씹히는 맛이 좋은 호밀빵을 이용하면 독특한 피자빵을 만들 수 있다.
피자바게트는 아이들이 대체로 좋아하므로 평소 잘 먹지 않던 버섯, 당근, 아스파라거스, 양파 등을 넣어 식습관을 고치는 메뉴로 이용해도 좋다.

먹 을 만 큼 만 담 근 다

김 영 빈 의

소규모
김장&맛김치

대표적인 자연발효식품인 김치에는 각종 비타민과 유산균이 풍부하고, 김치에 넉넉히
들어가는 마늘, 생강 등에는 항암 효과가 있다. 게다가 고추의 성분인 캡사이신은 몸의
지방을 태워서 없애 주는 효과가 있어서 다이어트에 효과가 뛰어나다. 하지만 김치
담그기에 도전하기란 쉬운 일이 아니다. 뭔가 준비가 복잡하고 시간도 많이 걸릴 것
같고…. 기존의 상식을 뒤엎는 만만한 김치 담그기를 소개한다. 간단히 준비해 쉽고
빠르고 맛있게 김치를 담그는 요령, 지금 바로 시작한다.

통배추김치

깔끔한 서울식 김치는 풀을 쒀 넣지 않아 더욱
아삭하고 시원해요

절임물
물	10컵
굵은소금	1컵
웃소금	1컵

김치양념
고춧가루	1컵
다진 마늘	1/2컵
다진 생강	1/3컵
새우젓	1/3컵
멸치액젓	1/3컵
물	2/3컵

김치국물
물	4컵
소금	1큰술
새우젓국물	1큰술

주재료
배추	2통
무	1/2개
갓	100g
쪽파	100g
미나리	50g
생새우	1컵

이렇게 만드세요 　조리시간　 초보 2시간 　 고수 1시간 20분

1 배추는 뿌리 쪽에
칼집을 넣고 손으로
반으로 쪼갠다.

2 준비한 절임물에
배추를 담그고 밑동
쪽에 웃소금을 뿌려
8시간 정도 재운다.
중간에 한 번 뒤집어
주면 좋다. 절인 배추는
쪽을 나눈다.

3 무는 곱게 채썰고, 갓,
쪽파, 미나리는 4cm
길이로 썬다.

4 채썬 무에 고춧가루
1/2컵을 버무려 붉은
물을 들인 다음, 갓과
쪽파를 넣고 나머지
속과 양념재료를
넣어서 고루 버무려
속을 만든다.

5 배춧잎 사이사이에
④의 속을 넣고
겉잎으로 감싸
항아리나 밀폐용기에
담는다.

6 비닐이나 배춧잎
우거지를 덮고 이틀
뒤에 김치국물을 끓여
식혀 붓고 냉장
보관한다.

배추와 소금 제대로 고르기

배추는 너무 크지도 작지도 않으며, 포기가 단단하게 쌓여 있고 묵직한
것을 고른다. 특히 초록색이 짙으며 잎 수가 많고 줄기가 넓고 결이 단
단한 배추가 맛이 달다.
절이는 소금은 꼭 굵은 천일염을 사용할 것. 꽃소금에 절이면 쓴맛이 난
다. (물:소금=1:10) 소금물에 배추를 절이는데, 밑동 쪽에는 따로 웃소
금을 뿌려 줘야 고루 절여진다. 풀을 사용하지 않는 것이 오래도록 무
르지 않고 아삭한 서울식 김치를 만드는 비법.

간단동치미

보기만 해도 먹음직스러운 무와 시원하고 칼칼한
국물 맛이 끝내 줘요

주재료

무 ·························1개
삭힌 고추지 ··············3개
배 ·····················1/4개
대파 ·····················1대

김치국물

물 ······················10컵
소금 ····················1/3컵
설탕시럽 ·······1컵(물:설탕=1:1)
무즙 ·····················1컵
마늘즙 ················1/2큰술
생강즙 ················1작은술

이렇게 만드세요   조리시간   초보 **2**시간   고수 **1**시간 **20**분

1
무는 5~6cm 길이,
사방 1.5cm 두께의
도톰한 막대 모양으로
자른다.

2
자투리 무는 믹서에
갈아 체에 걸러 무즙을
만든다.

3
배는 껍질째 두툼하게
자르고 대파는 5cm
길이로 자른다.

4
설탕과 물을 넣고 끓여
설탕 시럽을 만든 다음
차갑게 식히고 마늘과
생강은 갈아 즙만 받아
둔다.

5
설탕 시럽과 분량의
나머지 김치 국물
재료를 섞어 둔다.

6
밀폐용기에 무, 삭힌
고추지, 대파를 넣고
국물을 부어 이틀 정도
익힌 후 냉장 보관한다.

고수의 비밀 노트

칼칼한 동치미 국물 맛내기

김치국물은 처음에 맛을 보았을 때 약간 짠 듯한 정도가 적당하다. 국
물이 싱거우면 무가 물러져서 아삭한 맛이 없어지기 때문. 함께 넣는 배
도 껍질째 잘라 넣어야 국물이 탁해지지 않는다.
칼칼한 국물 맛을 원한다면 매운 청양고추지를 선택할 것. 만약 고추지
가 없다면 청양고추에 이쑤시개로 구멍을 뚫어 넣으면 된다. 매운맛은
자연스럽게 배어나오고, 고추씨는 나오지 않아 국물이 탁해지지 않는
다. 단, 고추가 물러지기 전에 꺼낼 것.

부추김치

삼겹살이나 편육 등 고기에 곁들여 먹으면 한층 더 맛깔스럽죠

주재료
부추	300g
잣	2큰술

찹쌀풀
찹쌀가루	2큰술
물	5큰술

절임양념
멸치액젓	2큰술
소금	1작은술

김치양념
고춧가루	5큰술
다진 마늘	1큰술
다진 생강	1작은술
통깨	1큰술
설탕	약간

이렇게 만드세요

조리시간 초보 **1**시간 **30**분 고수 **50**분

1
부추는 잘 씻어 멸치액젓과 소금을 넣고 20~30분 정도 절인다.

2
분량의 찹쌀가루와 물로 찹쌀풀을 쑨 다음 식혀 부추를 절였던 ①의 양념국물을 부어 섞는다.

3
풀과 양념국물 섞은 것에 분량의 고춧가루, 다진 마늘, 다진 생강, 통깨, 설탕 등 김치양념을 넣고 고루 섞는다.

4
잘 절여진 부추에 양념을 바른다.

5
부추를 5~6줄기씩 모아 포기를 만든 다음 리본 모양을 내어 돌돌 만다.

6
부추 사이에 잣을 끼어 박아 숨이 죽으면 먹는다.

풋내 나지 않게 부추 절이기

부추김치는 충분히 절인 후 만들어야 풋내가 나지 않는다. 부추를 절일 때 소금만 사용할 경우 부추 잎이 상할 수 있으므로 젓국에 소금을 녹여 사용한다. 소금을 녹인 젓국에 뿌리 부분부터 담가 두면 금방 숨이 죽을 뿐만 아니라 젓국의 고소한 맛이 배어 맛이 훨씬 좋아진다.
부추나 파, 갓 같은 매운 채소에 잣 등 견과류를 곁들이면 매운맛이 많이 감소한다. 단, 견과류를 넣을 경우 빨리 익기 때문에 한번에 많이 담그지 않는 것이 좋다.

채깍두기

김치 담그고 남은 양념으로 만들어 밥에
비벼 먹거나 떡국상에 내세요

절임물

물 ·······················5컵
소금 ·····················1/2컵

주재료

무 ·······················2개
배추속대 ···············1포기
미나리 ·····················50g
갓 ·······················100g
쪽파 ·····················100g
배 ·······················1/2개

김치양념

고춧가루 ···············1컵
새우젓 ·················2큰술
멸치액젓 ···············2큰술
다진 마늘 ·············2큰술
다진 생강 ·············1큰술
소금 ·····················1큰술

이렇게 만드세요   조리시간   초보 **1**시간   고수 **40**분

1
무는 5cm 길이, 5mm
폭으로 채를 썰고
배추속대는 7~8cm
길이로 쭉쭉 잘라
소금물에 살짝 절여
헹군 다음 체에 밭쳐
물기를 뺀다.

2
미나리, 갓, 쪽파는
5cm 길이로 썰고 배는
굵게 채썬다.

3
고춧가루 1/2컵에
무채를 넣고 버무려
고춧물을 들인다.

4
배추에 고춧물 들인
무채를 섞은 후 나머지
양념을 모두 넣고
버무린다.

5
미나리, 갓, 쪽파를
넣고 버무린 다음 배
채를 넣는다.

6
밀폐용기에 담고
실온에서 이틀 정도
익힌 후 냉장 보관한다.

고수의 비밀 노트

김치에 따른 젓갈 고르기

오래 묵어도 군내가 나지 않고 아삭하게 하려면 액젓을 쓰는 게 좋고 토
속적인 맛이 물씬 풍기는 김치를 만들려면 젓갈을 넣는다.
새우젓은 배추김치나 알타리, 깍두기 등을 담글 때 사용한다. 육젓을 고
를 때는 분홍빛이 돌며 새우의 형태가 살아 있는 것이 좋다. 멸치젓은
부추, 갓, 파김치 등을 담글 때 사용하며 배추김치나 알타리에는 액젓
을 걸러 사용한다. 검붉은빛의 비린내가 나지 않고 구수한 냄새가 나는
것을 고른다.

백김치

톡 쏘는 듯 시원한 김치 맛, 매운 김치 싫어하는
아이들이 먹기에도 그만이죠

주재료

배추	1통
고추씨	1/2컵
다시마 10×10cm	2장
무 중간 것	1/2개
대추	3개
밤	3톨
배	1/4개
미나리	50g
실고추	약간
소금	약간
설탕	약간

배추 절임물

물	4컵
굵은소금	2/3컵

김치양념

배	1/4개
양파	1/4개
마늘	6쪽
생강	1/4쪽
마른새우	1/2컵
꽃소금	1/4컵

찹쌀풀

찹쌀가루	1/3컵
물	2컵

잣물

잣	1큰술
물	5컵

이렇게 만드세요

조리시간 초보 2시간 고수 1시간 20분

1 배추는 반으로 갈라 가운데 칼집을 넣고 분량의 소금물을 만들어 4~5시간 절인 후 헹구어 쪽을 나누고 물기를 뺀다.

2 무, 대추, 밤, 배는 곱게 채썰고 미나리는 4cm 길이로 썬다.

3 고추씨는 면 주머니에 담고, 다시마는 행주로 겉면만 잘 닦아 둔다.

4 찹쌀풀을 쑤어 식히고 물에 잣을 넣고 곱게 갈아 찹쌀풀과 섞는다.

5 배와 양파, 마늘, 생강, 마른새우를 믹서에 갈아 찹쌀풀과 섞어 소금, 설탕으로 모자란 간을 맞추고 채썰어둔 속재료와 섞어 김치속을 완성한다.

6 배추에 속을 채우고 밀폐용기에 담은 후 고추씨주머니를 가운데 넣고 김치국물을 부어 준다. 그 위에 다시마로 우거지를 덮고 하루 정도 실온에서 숙성시킨 후 냉장 보관한다.

고추씨를 면보자기에 넣는 이유

고추씨를 그대로 사용하지 않는 이유는 국물을 먹을 때나 김치를 먹을 때 고추씨가 같이 씹히면 식감이 좋지 않기 때문이다. 고추씨를 낼 때 는 마른고추에 길이로 칼집을 넣은 다음 심을 따라 숟가락으로 긁어내 면 끝. 고추씨는 면보자기에 넣어 매운맛을 깔끔하게 우려내는 데 사용 하면 된다.
고추씨를 뺀 마른고추는 버리지 말고 심을 제거한 다음 갈아서 고춧가 루로 사용하거나 가늘게 채썰어 실고추로 쓴다.

궁중 섞박지

배추와 무의 환상 궁합이 만들어낸 깔끔한 맛김치죠!

주재료

배추	1통
무	1개
쪽파	100g
미나리	50g
밤	5개
배	1/2개
고춧가루	5큰술
무 절임용 굵은소금	5큰술
배추 절임용 굵은소금	1/2컵
물	5컵

김치양념

배	1/4쪽
양파	1/2개
다진 마늘	3큰술
다진 생강	1큰술
새우젓	2큰술
멸치액젓	5큰술
굵은소금	1큰술
고춧가루	3/4컵

찹쌀풀

찹쌀가루	2큰술
물	1/2컵

이렇게 만드세요

 조리시간  초보 **1시간 30분** 고수 **1시간**

1 배추는 잘 다듬어 뿌리 쪽에 칼집을 넣고, 손으로 반을 가른 후 한 잎씩 떼어 5cm 길이로 자르고 물 5컵에 소금 1/2컵을 넣은 소금물에 절였다가 헹궈 소쿠리에 밭쳐 물기를 뺀다.

2 무는 3×4cm 크기, 5mm 두께로 썰어 절임용 굵은소금을 뿌려 30분 정도 절인 후 씻어 물기를 뺀다.

3 미나리와 쪽파는 4cm 길이로 썰고 밤과 배는 껍질을 벗겨 도톰하게 썬다.

4 찹쌀풀을 끓여 식혀 두고 배와 양파는 즙만 받는다. 찹쌀풀과 배·양파즙, 나머지 양념을 모두 넣고 고루 섞어 김치양념을 만든다.

5 배추와 무에 고춧가루 5큰술로 고춧물을 들인 후 김치양념을 넣고 고루 버무린다.

6 미나리와 쪽파를 넣고 버무리다 배와 밤을 넣는다. 밀폐용기에 담아 배추 우거지나 비닐을 덮어 하룻밤 정도 숙성한 후 냉장 보관한다.

고수의 비밀 노트

감칠맛 더하는 찹쌀풀 만들기

김치의 붉은색을 좀더 곱게 만들고 싶을 때는 찹쌀풀을 약간 묽게 쑤어 고춧가루를 풀물에 불리면 좋다. 젓갈 섞은 양념에 고춧가루를 넣으면 고춧가루가 검붉은색으로 불어나는데 풀물에 불리면 붉은빛이 곱게 불어나기 때문이다. 또한 김치양념에 찹쌀풀을 넣으면 당화작용을 일으켜 감칠맛을 더하며 채소의 풋내도 없애 준다.
찹쌀풀은 되직한 것보다 묽은 것이 좋다. 되직하게 찹쌀풀을 쑤면 숙성작용을 촉진해 김치가 빨리 익는다.

해물보쌈김치

영양만점 싱싱한 해물과 김치의 환상적인
어우러짐이 식욕을 자극해요

이렇게 만드세요

조리시간 ⏰ 초보 35분　🕐 고수 25분

1
배추는 반으로 갈라
밑동에 칼집을 넣고
분량의 소금물에 6시간
정도 절여 헹군 후 절인
배추의 겉잎은 따로
두고 속잎만 3cm
길이로 썬다.

2
무는 2×3cm 크기로
나박 썰어 배추 절이는
물에 살짝 절였다 헹궈
체에 밭친다.

3
배는 무 크기로 썰고,
밤은 납작하게 저며
썰고, 미나리와 쪽파는
3cm 길이로 썬다.
마늘과 생강, 표고와
석이는 곱게 채썬다.

4
굴은 옅은 소금물에
헹궈 체에 밭치고
낙지는 내장을 손질한
후 밀가루로 바락바락
문질러 씻는 다음 끓는
물에 살짝 데쳐 3cm
길이로 썬다.

5
무에 고춧가루를 약간
덜어 버무려 고춧물을
들인 후 새우젓국물과
남은 고춧가루를 섞고
배추속잎, 겉잎을 뺀
재료를 모두 넣고 고루
버무린다.

6
김치보시기에 배추
겉잎 2~3장을 넓게
깔고 배추 속잎을 세워
넣고 2~3군데를 벌려
⑤의 소를 채우고 잣을
몇 알 올린다. 그런
다음 배춧잎으로 감싸
항아리에 차곡차곡
담은 후 끓여 식힌
김치국물을 부어 익힌
후 물러지기 전에
먹는다.

고수의 비밀 노트

영양 만점 낙지 손질하기

낙지는 양질의 단백질과 비타민 B, 칼슘, 인, 철분 같은 무기질을 많이
함유하고 있어 영양가가 풍부한 스태미나 식품. 낙지는 손질할 때 손의
열기에 의해 상하기 쉽기 때문에 밀가루에 바락바락 주무르면서 씻는
것이 좋다. 낙지의 빨판에 밀가루가 스며들면 다리를 하나씩 잡고 쭉쭉
잡아당기면 이물질이 잘 빠진다.
낙지를 소금에 넣고 씻으면, 통통했던 다리살이 빠져 가늘어질 뿐만 아
니라 육질도 뻣뻣해져서 조리한 후 부드러운 맛이 감소된다.

미나리물김치

향긋한 미나리와 매콤한 무가 조화를 이룬
시원한 물김치예요

주재료

		김치국물	
미나리	200g	생수	10컵
무	1/5개	배	1/2쪽
마늘	2쪽	무	200g
생강	1/2쪽	양파	1/2개
붉은고추	1개	소금	2큰술
청양고추	1개	설탕	1큰술
미나리 절임용 굵은소금	1작은술	고운고춧가루	2큰술
무 절임용 굵은소금	2작은술		

이렇게 만드세요

조리시간 초보 1시간 30분 고수 50분

1
미나리는 줄기만
다듬어 깨끗이 씻은
다음 5cm 길이로 썰어
분량의 소금을 뿌려
10분 정도 절여 물기를
살짝 짠다.

2
무는 5cm 길이로 곱게
채썰어 분량의 소금에
절인 다음 체에 밭쳐
무와 절인 물을 따로
둔다.

3
마늘과 생강, 청양고추,
붉은고추는 곱게
채썬다.

4
믹서에 간 배, 무,
양파를 면보에 거른
다음 생수와 섞어 소금,
설탕을 섞고 고운
고춧가루를 넣어 김치
국물을 만든다.

5
용기에 절인 미나리와
무, 채소를 고루 담고
무 절인 물을 붓는다.

6
미리 만들어 놓은 ④의
김치국물을 부어
하룻밤 정도 숙성시켜
냉장 보관한다.

항암효과 뛰어난 영양덩어리, 미나리

미나리의 아삭하게 씹히는 맛을 즐기는 김치이므로 억세고 질긴 것보
다 연하고 부드러운 것을 고르는 것이 좋다. 미나리는 금방 절여지므로
잠깐만 절인 후 면보나 키친타월로 살살 눌러 물기를 제거한다.
미나리는 맛과 향도 좋지만 항암효과가 있는 케르세틴과 캠프페롤 성
분을 함유하고 있어 건강에도 좋다. 이 성분들은 소금물에 살짝 데쳤을
때 함유량이 60%이상 증가한다고 알려져 있다. 따라서 미나리를 국이
나 탕에 넣어 먹으면 더 좋다.

고추김치

알싸한 매운맛과 아삭하게 씹히는 식감이
입맛을 개운하게 만들어 줘요

주재료
풋고추 ······················ 25~30개
무 ·························· 1/5개
배 ·························· 1/4개
양파 ························· 1/4개
쪽파 ························· 10대
굵은소금 ····················· 3큰술

김치양념
고춧가루 ····················· 1/2컵
다진 새우젓 ··················· 3큰술
설탕 ························· 1큰술
다진 마늘 ···················· 3큰술
다진 생강 ···················· 1/2작은술
밀가루풀 ····· 4큰술(밀가루:물=1:5)
소금 ························· 약간

이렇게 만드세요

조리시간 초보 **2**시간 고수 **1**시간

1
풋고추는 휘지 않은
것으로 골라 꼭지를
떼고 세로로 길게
칼집을 넣은 다음
굵은소금을 뿌려 30분
정도 절인 후 씻어
물기를 뺀다.

2
무, 배, 양파는 3cm
길이로 곱게 채썬다.

3
쪽파는 단단한 부분만
3cm 길이로 썬다.

4
손질해놓은 무, 배,
양파, 쪽파를 분량의
김치양념에 넣고 고루
버무려 소금으로 간을
맞춰 소를 완성한다.

5
절여놓은 풋고추에
④의 소를 꼭꼭 채워
밀폐용기에 담는다.

6
양념그릇에 물
3~4큰술을 넣어 남은
양념을 잘 녹여 고추
위에 붓고 반나절 정도
두었다가 냉장
보관한다.

고수의 비밀 노트

아삭아삭한 고추김치 만들기

고추는 소금에 절여 부드럽게 하였다가 소를 넣어야 부서지지 않는다.
고추를 손질할 때 씨를 빼지 않아야 매콤하면서 아삭아삭한 고추김치
의 맛을 낼 수 있다.
특히 고추의 매운맛은 다른 매운 음식과 달리 위 점막에 자극을 주지 않
는다. 그 이유는 고추의 매운맛을 내는 성분인 캡사이신 때문. 캡사이
신은 항산화·염증 억제 작용을 통해 조직이 산화하는 것을 막아 암 발
생을 억제하는 효과가 있다.

도라지배추김치

향긋한 향과 쫄깃하게 씹히는 맛이 일품이에요

주재료

도라지	200g
배추	1통
쪽파	100g
미나리	50g

배추 절임물

굵은소금	1/2컵
물	5컵

김치양념

양파	1/2개
배	1/4개
고춧가루	1컵
다진 마늘	3큰술
다진 생강	1큰술
멸치 액젓	1/2컵
소금	약간

이렇게 만드세요

조리시간 초보 **2시간** 고수 **1시간 10분**

1 배추는 밑동을 자르고 겉잎을 떼어내 4×4cm크기로 잘라 분량의 절임물에 2시간 정도 절인 후 씻어 체에 밭쳐 물기를 제거한다.

2 도라지는 껍질을 벗겨 4~5cm 길이로 채썰어 배추를 절였던 물에 담가 쓴맛을 뺀 후 헹구어 체에 밭친다.

3 쪽파와 미나리는 다듬어 씻은 다음 4~5cm 길이로 썬다.

4 양파와 배는 믹서에 갈아 체에 밭쳐 즙만 받아 둔다.

5 양념 재료를 ④에 넣어 김치양념을 만든 다음 실온에 두어 고춧가루가 불도록 한다.

6 배추와 도라지, 쪽파, 미나리를 한데 넣어 양념에 버무린 다음 밀폐용기에 담아 하루 정도 숙성한 후 냉장 보관한다.

고수의 비밀 노트

도라지 쓰고 아린맛 없애기

도라지의 쓰고 아린맛은 주로 껍질에 많다. 그래서 껍질을 벗기고 반찬으로 이용하는 경우가 많은데 영양분을 제대로 섭취하려면 껍질을 벗기지 말아야 한다. 요리를 하기 전 도라지를 잘게 찢어 쌀뜨물이나 소금물에서 여러 번 주물러 씻어야 아린맛은 사라지고, 도라지 특유의 쌉쌀한 맛이 되살아난다.
천연 단맛을 더하기 위해 양파나 배를 갈아 넣는데, 이때 건더기까지 넣으면 김치가 빨리 쉬어지므로 가는 체나 면보에 걸러 즙만 쓴다.

늙은호박김치

찌개용 김치로 황해도나 충청도에서 주로 담가 먹어요

주재료

늙은호박	500g
배추	1포기
쪽파	100g
미나리	50g
갓	100g
대파	1뿌리

배추 절임물

물	5컵
굵은소금	1/2컵

김치국물

물	2컵
고운소금	1과1/2큰술

김치양념

굵은 고춧가루	3/4컵
다진 마늘	3큰술
다진 생강	1큰술
새우젓	3큰술

이렇게 만드세요

조리시간 초보 **1시간 30분** 고수 **50분**

1 늙은호박은 껍질을 벗기고 씨와 속을 발라 낸 후 사방 5cm, 두께 1cm로 도톰하게 썬다.

2 배추는 겉잎을 떼어내고 7~8cm 길이로 쭉쭉 가르고 분량의 소금물에 숨이 죽을 때까지 절인 다음 물에 헹궈 체에 밭쳐 물기를 뺀다.

3 쪽파, 갓, 미나리는 4~5cm 크기로 썰고 대파는 어슷하게 썬다.

4 호박과 절여 놓은 배추를 큰 그릇에 담고 고춧가루를 넣어 버무려 고춧물을 들인다.

5 나머지 김치양념 재료를 분량대로 넣고 쪽파와 갓, 미나리, 대파를 순서대로 넣어 고루 버무린다.

6 밀폐용기에 ⑤를 담은 다음 위에 배추 우거지나 비닐을 덮고 2~3일 그늘진 곳에 둔 다음, 김치국물을 만들어 붓고 보름 정도 익힌다.

고수의 비밀 노트

늙은호박 고르기부터 다듬기

호박김치는 김치 자체로 먹기보다는 한겨울에 두루 응용해 먹는 찌개용 김치다. 늙은호박은 호박 표면에 하얀 가루가 많이 묻어 있을수록 잘 익은 것이다. 또, 손으로 들어 보아 적당한 무게감이 느껴지는 것을 고른다.

늙은호박 김치는 씨와 속을 잘 발라내야 군내가 나는 것을 막을 수 있다. 늙은호박을 반으로 자른 다음 꼭지를 떼어내고 씨 있는 속을 파낸다. 껍질을 벗길 때는 칼로 과일 깎듯이 하면 쉽게 벗겨진다.

무청김치

겨울철 부족한 비타민은 무청으로 보충하세요

주재료

무청	1kg
배추	1/4통
쪽파	100g
무	1/5개

절임물

소금	1컵
물	10컵

김치양념

고춧가루	1컵
멸치액젓	1/2컵
다진 마늘	3큰술
다진 생강	1/2큰술
매실청	5큰술

찹쌀풀

찹쌀가루	5큰술
물	3컵

이렇게 만드세요

조리시간 초보 **1시간 30분**  고수 **50분**

1 김치를 담그고 남은 무청을 준비하여 억센 줄기를 떼어내고 4~5등분한다.

2 배추 1/4통을 준비해 칼로 쭉쭉 찢듯이 가른다.

3 무청과 배추를 분량의 소금물에 담가 3~4시간 절인 후 헹궈 체에 밭쳐 물기를 뺀다.

4 무는 곱게 채썰고 쪽파는 5cm 길이로 자른다.

5 찹쌀풀을 끓여 식혀 고춧가루, 멸치액젓, 다진 마늘, 다진 생강, 매실청을 넣은 김치양념에 고루 섞는다.

6 무청, 배추, 쪽파, 무채를 양념에 고루 섞어 버무린 후 밀폐용기에 담고 하루 정도 숙성시킨 다음 냉장 보관한다.

고수의 비밀 노트

무청, 요리조리 활용하기

무청은 무에서 잘라 낸 무잎을 말한다. 김장을 담그고 난 뒤나 동치미, 깍두기를 담그고 난 다음 만드는 무청김치는 아삭하게 씹히는 맛이 별미다. 무청 100g에는 비타민A 2.6mg, 비타민C 70mg을 비롯해 시금치의 2배가 넘는 칼슘 190mg이 들어 있다. 또한 식이섬유가 풍부해 변비가 있는 사람에게 좋은 식품이다.
무청은 말리거나 삶아 시래기로 만들어 국을 끓여 먹거나 나물 무침, 생선이나 두부를 조릴 때 넣어 먹어도 좋다.

배추속대겉절이

싱싱한 생김치의 맛이 그리운 날에 먹어요

주재료

배추속대	500g
사과	1/2개
밤	3톨
쪽파	50g
통깨	약간

김치양념

물	4큰술
고춧가루	4큰술
멸치액젓	4큰술
깨소금	2큰술
참기름	1큰술
설탕	1큰술
다진 마늘	1큰술

이렇게 만드세요   조리시간   초보 **1**시간   고수 **30**분

1 배추속대는 잘 씻어 한입 크기로 어슷하게 저며 썬다.

2 사과는 3등분하여 씨 부분을 제거하고 부채꼴 모양으로 납작하게 썬다.

3 밤은 껍질을 벗겨 얇게 저미고 쪽파는 4cm 길이로 썬다.

4 그릇에 손질한 주재료를 모두 담고 양념을 넣어 고루 버무린 다음 통깨를 뿌려 낸다.

고수의 비밀 노트

상큼한 과일로 김치 맛 더하기

겉절이는 신김치가 질리거나 생김치가 먹고 싶을 때 바로 담가 먹기 좋은 김치다. 사과, 파인애플, 배 등의 과일을 그냥 썰어 넣거나, 갈아 즙을 내어 양념에 버무리면 시원하면서도 향이 좋아 한결 맛있다. 단, 과일즙은 김치를 빨리 쉬게 만들기 때문에 오래 먹을 김치에는 넣지 않는 것이 좋다. 배추속대는 어슷하게 저며 썰어야 아삭하면서도 간이 빨리 밴다. 2~3일 이상 먹을 예정이라면 참기름은 먹기 전에 넣고 버무린다.

알타리 김치

잘 익은 알타리 김치 한 종지면 밥 한 공기 뚝딱이죠

주재료

알타리	1단
쪽파	100g

절임물

		찹쌀풀	
물	5컵	찹쌀가루	1큰술
소금	3/4컵	물	1컵

김치양념

		김치국물	
멸치액젓	1/2컵	물	1과1/2컵
고춧가루	1컵	소금	1큰술
다진 마늘	2큰술	고춧가루	1/2큰술
다진 생강	1/2큰술		

이렇게 만드세요 [조리시간] 초보 **1**시간 **30**분 고수 **1**시간

1
알타리 무는 떡잎을 다듬고 깨끗이 씻어 분량의 절임물에 1시간 정도 절인 후 두 세번 헹궈 체에 받친다.

2
쪽파는 손질해 5cm 길이로 썬다.

3
찹쌀풀을 끓여 식힌 후 나머지 양념을 고루 섞어 김치양념을 만들고 쪽파를 넣어 살살 버무린다.

4
양념을 고루 발라 2~3개씩 묶어 밀폐용기에 담은 다음 김치국물을 만들어 붓고 이틀 정도 실온에서 익힌 후 냉장 보관한다.

고수의 비밀 노트

알타리 무 제대로 다듬기

무와 무청이 연결된 부분의 떡잎은 칼로 살살 긁어내서 다듬어야 한다. 떡잎 부분을 다듬지 않으면 나중에 흙이 씹힐 수 있기 때문. 또한 무청을 너무 잘라 내면 시원한 맛이 없어지므로 억센 잎만 다듬고 연한 잎은 3~4개씩 남기는 것이 좋다. 무를 고를 때는 무청이 선명한 녹색을 띠고, 무가 단단하며 심이 없 는 것을 골라야 바람이 안 들고 아린맛이 없다. 또한 무를 버무릴 때는 무가 상하거나 멍이 들지 않도록 양념을 손으로 살살 발라 줘야 한다.

쪽파김치

고소한 통깨를 뿌리면 매운맛은 감소하고,
알싸한 향이 입 안 가득 감돌아요

주재료

쪽파	200g
통깨	약간

찹쌀풀

찹쌀가루	2큰술
물	6큰술

김치양념

멸치액젓	2큰술
고춧가루	3큰술
소금	1/2작은술
생강즙	1/2작은술
설탕	약간

이렇게 만드세요 조리시간  초보 1시간 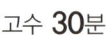 고수 30분

1 쪽파는 다듬어 깨끗이 씻어 물기를 빼고 6~7cm 길이로 자른다.

2 분량의 찹쌀풀을 만들어 식힌 후 김치양념을 섞어 놓는다.

3 준비한 양념에 손질해둔 쪽파를 넣어 버무린다.

4 밀폐용기에 담고 통깨를 뿌린 다음 숨이 죽으면 먹는다.

고수의 비밀 노트

금방 먹을 김치 담글 때 쪽파 손질하기

쪽파는 하얀 뿌리 부분이 통통하고 둥글며, 푸른 잎이 곧으면서 광택이 있는 것이 쉽게 무르지 않는다. 우선 쪽파를 가지런히 모아 지저분한 실뿌리 부분을 말끔히 잘라내고, 누렇게 시든 잎을 떼어내 흐르는 물에 씻는다. 흔히 쪽파김치를 만들 때는 쪽파를 자르지 않고 멸치액젓에 절여 숨을 죽인 후 양념에 버무려 돌돌 말아놓는데 너무 길어 나중에 먹기가 불편할 수 있다. 특히 조금씩 해서 금방 먹을 것은 미리 잘라서 담그는 것이 편리하다.

새우젓깍두기

새콤하게 익은 깍두기,
국에 밥 말아 먹을 때 빠질 수 없죠

주재료

무	1과1/2개
미나리	50g
갓	50g
쪽파	100g
대파	1대
굵은소금	1큰술
설탕	1작은술

김치양념

고춧가루	3/4컵
다진 마늘	2큰술
다진 생강	1큰술
다진 새우젓	1/2컵

이렇게 만드세요

 조리시간　⏰ 초보 **1시간**　⏰ 고수 **40분**

1
무는 솔로 문질러 씻은 후
사방 3cm 크기로 깍둑 썰고,
무청은 3cm 길이로 잘라 굵은소금
1큰술과 설탕 1작은술에 버무려
재운다.

2
미나리와 갓, 쪽파는 4cm 길이로
썰고 대파는 4cm 길이로 어슷
썬다.

3
재워두었던 무와 무청을 체에 밭쳐
물기를 뺀 다음 고춧가루 4큰술로
고춧물을 들인 후 나머지
김치양념을 넣어 버무린다.

4
미나리, 쪽파, 갓, 대파를 넣고
버무린 후 밀폐용기에 담고
우거지나 비닐을 덮은 다음 이틀
정도 실온에서 익혀 냉장 보관한다.

고수의 비밀 노트

깍두기의 지린맛 없애기

깍두기의 지린맛을 없애기 위해서는 일단 어떤 무를 고르느냐가 가장 중요하다. 큰 개량종 무는 익으면 물러지기가 쉽고 지린맛이 강하므로 피하고 무청이
달린 단단한 조선무를 선택하는 것이 좋다. 또한 무를 미리 소금과 설탕을 넣고 살살 버무려 재워 두면 무 특유의 매운맛과 지린맛이 없어진다. 대파를 넣
기도 하는데 대파 잎에서 진이 나와 깍두기와 국물이 걸쭉해지므로 꼭 쓰고 싶다면 속대와 잎을 빼고 겉대만 사용할 것.

구운 깻잎김치

소금에 절이지 않은 저염반찬으로 건강 메뉴로 추천해요

주재료

깻잎 · 6묶음

고명재료

대파(흰대) · · · · · · · · · · · · · · · · 1대
마늘 · 3쪽
생강 · 1/4쪽
붉은고추 · · · · · · · · · · · · · · · · · · 1개
통깨 · 1큰술

김치양념

물 · 5큰술
멸치액젓 · · · · · · · · · · · · · · · · · 3큰술
고춧가루 · · · · · · · · · · · · · · · · · 1큰술
참기름 · · · · · · · · · · · · · · · · · · 1큰술
설탕 · 약간

이렇게 만드세요 `조리시간` ⏰ 초보 **1**시간 ⏰ 고수 **40**분

1
깻잎은 한 장씩 잘 씻어 물기를 제거하고 아무것도 두르지 않은 팬에 한 장씩 앞뒤로 살짝 구워 식힌다.

2
고명으로 쓸 대파, 마늘, 생강, 붉은고추는 3cm 길이로 곱게 채썬다.

3
분량의 재료를 섞어 김치양념을 만든 후 준비해둔 고명과 잘 섞는다.

4
깻잎을 두세 장씩 겹쳐서 양념을 바른 후 숨이 죽으면 냉장 보관한다.

`고수의 비밀 노트`

깻잎 제대로 굽고 조리하기

깻잎을 팬에 구우면 깻잎에 있는 수분을 뺄 수 있기 때문에 굳이 소금물에 절이는 과정을 거치지 않아도 된다. 특히 구운 깻잎은 숙성해도 무르지 않고 여러 번 씻어 헹구지 않아도 되므로 소금에 절인 깻잎보다 향이 진하다. 깻잎을 구울 때는 한쪽 면만 구우면 되는데, 색이 변하면 바로 팬에서 끄집어내면 된다. 굽는 과정이 번거롭다면 물 1컵에 굵은소금 1/2큰술을 녹인 물에 하룻밤 정도 담가 절인 후 말끔하게 헹구어 사용한다.

나박김치

배추김치와 무김치의 맛을 동시에 느낄 수 있는
물김치의 대표 주자예요

주재료

배추	1/4통
무	1/2개
쪽파	50g
미나리	50g
붉은고추	1개

밑간양념

고춧가루	1/2큰술
굵은소금	1/2큰술
설탕	약간

김치국물

물	5~6컵
소금	2큰술
설탕	1/2큰술
고춧가루	1/2큰술
다진 마늘	2큰술
다진 생강	1작은술

이렇게 만드세요  조리시간 ⏰ 초보 1시간 ⏰ 고수 30분

1 배추와 무는 깨끗이 씻어 3×2cm 크기로 나박하게 썰고 쪽파와 미나리는 잘 다듬어 3cm 길이로, 붉은고추는 곱게 채썬다.

2 배추와 무에 고춧가루로 물을 들인 후, 굵은소금과 설탕을 약간 섞어 밑간한다.

3 분량의 물에 소금과 설탕을 넣고 우르르 끓여 미지근하게 식힌 후 고운 보자기에 고춧가루, 마늘, 생강을 넣고 주물러 김치국물을 만든다.

4 밀폐용기나 항아리에 무, 배추, 쪽파, 붉은고추를 고루 섞어 담고 김치국물을 붓고 하루나 이틀 정도 숙성한 후 미나리를 넣고 냉장 보관한다.

고수의 비밀 노트

빛깔 좋은 김치국물 만들기

나박김치의 핵심은 바로 빛깔 좋게 우러나온 김치국물. 빛깔 고운 김치국물을 만들기 위해서는 면이나 삼베로 만든 보자기가 필수다. 보자기를 사용해 김치 국물을 우려내면 맛도 시원하고 깔끔하다. 또한 배추와 무에 밑간을 해두면 김치 색이 고와 국물과도 잘 어우러진다. 단, 면보는 여러 번 삶아 사용하는 것이 좋다. 보자기 대신 체에 밭치는 경우가 있는데, 고춧가루와 마늘, 생강 건더기가 김치국물에 들어가 김치가 빨리 쉬고 담았을 때 지저분해 보일 수 있다.

돌산갓김치

갓 특유의 향과 알싸한 매운맛이 어우러져
잃었던 입맛을 찾아 줘요

주재료

돌산갓	1단
쪽파	200g
굵은소금	1컵

김치양념

멸치액젓	1/4컵
까나리액젓	1/4컵
고춧가루	1/2컵
다진 마늘	2큰술
다진 생강	1큰술

찹쌀풀

찹쌀가루	5큰술
물	3컵

이렇게 만드세요 [조리시간]  초보 **1**시간 **30**분 고수 **40**분

1

갓은 깨끗이 다듬어 씻은 다음
굵은소금을 고루 뿌려 절인 후 잘
헹궈 건져 둔다.

2

쪽파는 잘 다듬어 씻어 체에 밭쳐
물기를 뺀다.

3

끓여 식힌 찹쌀풀과 분량의 양념을
고루 섞어 김치양념을 만든다.

4

갓과 쪽파에 양념을 고루 발라
두세 줄기씩 돌돌 말아 밀폐용기에
담아 일주일 정도 실온에서 익힌 후
냉장 보관한다.

[고수의 비밀 노트]

아삭아삭 연한 갓 고르기

아삭거리는 맛과 톡 쏘는 맛, 향이 일품인 갓김치는 푹 익혀 먹어야 제 맛이 나는 숙성김치다. 갓은 붉은갓과 푸른갓이 있는데 보통은 붉은갓이 더 맵다. 유명한 돌산갓은 토질과 기후 탓으로 잎과 줄기가 크게 자라고 섬유질이 적어 질기지 않으며 매운맛도 덜하기 때문에 김치 재료로 애용된다. 갓은 전체적으로 길이가 길고 연하며 잎이 부드럽고 윤이 나는 것을 고르면 된다.